KB174884

올 어바웃 퍼피

처음 강아지를 키우는 사람들을 위한

올 어바웃 퍼피

김진수 지음

이담북스

가루를 만나러 간 날은 비가 엄청 많이 오는 토요일이었습니다. 한 시간 반 동안 차를 타고 갔죠. 그때 두 마리 강아지가 절 반겼어요. 가자마자 안아 든 아이가 가루였죠. 다른 아이는 눈도 작고 몸도 작았는데, 저는 몸도 크고 눈도 큰 가루를 안았어요. 그리고 또다시 비 오는 길을 한 시간 반을 달려 돌아오는데 가루는 멀미 한 번 안 하고 잠깐 패드에 내려놓으니 볼일을 보더라고요. 그렇게 10년이 넘는 시간 동안 저랑 같이 살고 있습니다.

아침에 일어나 손끝에 가루의 뜨끈한 몸이, 부드러운 털이 느껴질 때면, 가루가 손으로 파고든 건지 제가 잠결에 가루를 찾는 건지 모르겠어요. 동생이 장난으로 가루와 제가 자는 모습 사진을 찍었는데 어쩌나 똑같은 자세로 자고 있는지…. 가루의 숨소리가 들릴 때, 가루가 저의 품으로 파고들 때마다 저는 생각합니다.

'운명적으로 나에게 와줘서 고맙고, 정말 사랑한다'

_ '우리 강아지와 나누는 더 깊은 대화' 카페 회원의 글 중에서

사람과 사람의 만남뿐 아니라 강아지와 사람의 만남에도 운명
적인 끌림이 있기 마련입니다. 어디서 입양했는지를 떠나서 함
께하게 된 것 자체가 운명이라고 할 수 있죠. 그래서 서로 더욱
소중하고 고마워하며 살아가야 합니다.

물론, 사람과 강아지 사이에 꼭 좋은 일만 있는 것은 아닙니다.
많은 사람들이 강아지와 함께 생활하면서 수많은 문제에 부딪
힙니다. 이들 대부분이 강아지의 습성이나 행동에 대해서 너무
모르고 있어서 발생하는 문제입니다. 우리는 강아지의 습성과
행동에 대해 이해하고, 사람과 함께 살아갈 때 문제가 발생하지
않도록 올바른 방법으로 훈련해야 할 의무가 있습니다.

여기서 훈련이란, 사람과 강아지가 함께 살아가기 위해 서로 간

의 예의를 배우고, 사람과 강아지라는 서로 다른 종 간의 커뮤니케이션을 습득하는 과정입니다. 그래서 저는 훈련을 '강아지와 나누는 더 깊은 대화'라고 표현하고 싶습니다. 이 책을 통해 좀 더 많은 사람들이 강아지를 이해하고 강아지와 지혜롭게 소통하는 법을 배울 수 있길 소망합니다.

_ 저자 김진수

[일러두기]

외래어 표기는 외래어 표준법을 따랐으나, '불독', '쉽독' 등 한국식 표기가 일반화된 표기는 한국식 표기를 따랐습니다.

신생아기
(생후 1~2주)

2012년 7월 4일, 엄마 사탕이가 사랑
스러운 아이들을 순산했어요. 태어나고
2주간 강아지들은 보지도 듣지도 못해요. 하지만
까미는 태어나고 얼마 지나지 않아 엄마 사탕이 곁으로 기어가 젖
을 물기 시작했어요. 물론 까미뿐 아니라 다른 형제들도 그런 가운
데 어미의 젖을 찾아 먹었죠.

● 이제 막 태어나 비록 듣지도 보지도 못하지
만 강아지들이 오밀조밀 본능적으로 어미개의
젖을 찾아 먹고 있어요.

비록 보고 듣지는 못해도 냄
새를 맡고, 체온을 느낄 수는
있다고 해요. 그렇게 강아지
들은 먹고 자기 위해서 최소
한의 감각에 의존해요. 그것
은 생존에 필요한 가장 기본
적인 본능이죠. 냄새와 체온

으로 어미젖을 찾고, 따뜻한 곳으로 이동해요. 강아지들은 그 작은
몸에 이동하고, 젖을 빠는 최소한의 힘만을 갖고 태어난 것이죠.

이 시기의 강아지들은 모든 것을 어미개에 의존하게 돼요. 사탕이 역시 이 사실을 잘 알고 있죠. 그래서 특별한 경우를 제외하고는 거의 모든 시간을 새끼들과 함께 붙어서 생활해요. 그들을 지켜야 한다는 것을 알았는지 경계심이 이전과는 다르게 매우 강해졌어요. 며칠 전 집에 손님이 방문했을 때는 이전과 달리 이빨을 드러내고 크게 짖으며 경계심을 보이기도 했어요.

- 냄새를 맡아요
- 체온을 느껴요
- 대소변을 가리지 못해 어미개의 도움이 필요해요
- 하루 20시간 정도 잠만 자요

과도기
(생후 2~3주)

7월 19일, 형제 중 가장 덩치가 큰 둘째 까미가 눈을 뜨기 시작했어요. 보통 강아지들은 생후 2주가 되면 서서히 눈을 뜨기 시작해요. 다리에 힘도 없고 몸도 못 가눴는데 이제 다리에 힘도 제법 주기 시작했어요. 하루하루 다른 모습이 눈에 확 띄네요.

하루 이틀이 더 지나자 나머지 형제들도 눈을 뜨기 시작했어요. 눈을 떴다고는 하지만 아직 사물을 정확히 구별해내지는 못해요. 보통 4주 정도가 지나야 형체를 구분할 수 있게 되죠. 따라서 이 시기에 갑작스러운 행동을 하면 강아지가 놀랄 수 있으니 각별히 조심해야 해요.

● 둘째 까미가 눈을 뜨기 시작했어요.

7월 22일, 이전과 달리 까미가 젖을 먹을 때 다리에 힘을 주는 모습을 보고 이제는 걸을 때가 되었다고 생각했는데 정말 걸음마를 시작했어요. 아직은 쿵 하고 넘어지는 모습이 우스꽝스럽지만, 낑낑 일어나려는 모습을 보니 너무 대견스럽고 예쁘네요. 그런데 한편으로 이 녀석들이 온 집안을 헤집고 뛰어다닐 모습을 상상하니 벌써 머리가 아픕니다.

보고, 걷기 시작할 때쯤 행동과 신체에 또 각각 한 가지씩 변화가 생겼어요. 킁킁거리며 주변의 냄새를 맡기 시작했다는 것과 윗니가 나기 시작했다는 거예요. 이가 나기 시작

● 이제 막 걸음마를 시작한 모습이에요. 이번에도 역시 까미가 제일 먼저 걷기 시작했어요. 뭐든지 까미가 빠르네요.

하더니 이 녀석들이 서로 물고 빨고 씹기 시작했어요. 움직임도 부쩍 늘고, 털도 많이 자라고, 외모도 이제야 개 다운 모습으로 변해가는 것 같네요.

아! 3주가 막 지나자 까미가 외부 소리에 반응을 보이기 시작했어요. 청각은 개의 감각기관 중 가장 마지막으로 발달하는데, 이 시기에는 개가 처음 눈을 떴을 때 조심했던 것처럼 외부의 소리에 놀라지 않도록 주의해주셔야 해요.

- 눈을 뜨고, 소리도 들어요
- 그루밍을 시작해요
- 이빨이 났어요
- 쓰다듬어주세요

사회화 시기
(생후 3주~4개월)

이 시기는 강아지의 성격이 가장 왕성하게 형성되고, 경험들이 오랫동안 기억에 남기 때문에 개가 앞으로 살아가는데 매우 중요한 역할을 해요. 아직 어린 티를 벗지 못했지만, 이전과는 달리 활발히 움직이는 녀석들을 확인할 수 있어요. 실제로도 운동능력이나 감각들이 빠르게 발달해가고 있죠. 까미도 활동량이 부쩍 늘었어요. 이제 집 안에만 있기에는 까미와 형제들의 활동영역이 좁다는 게 느껴져요.

● 생후 28일째. 꾸물꾸물거리던 아이들이 이제 제법 움직이기 시작해요. 짖기 시작하는 모습도 볼 수 있어요.

예전에는 대부분의 시간을 잠자는데 소비했지만 이제는 많은 시간 활발하게 움직이며 활동하고 있어요. 이 시기 까미와 형제들이 처음 짖는 모습도 보았어요. 하루가 다르게 변하는 모습과 행동에 놀랄 정도예요.

개는 본래 청결한 동물이에요. 그래서 이 시기 개들은 스스로 배변을 하게 되더라도 집 안에서는 하지 않아요. 하지만 배설물을 제때 치워주지 않거나 개집 안에 개를 가두어 기르면 어쩔 수 없이 집 안에 변을 보는 행동을 학습하게 되죠. 그래서 차후 배변 훈련에 많은 노력과 힘을 기울여야 할지도 몰라요.

● 사회화 시기부터 강아지들의 배변 습관을 자연스럽게 유도할 수 있어요.

생후 4~5주 정도가 되니 사탕이가 점차 모유의 횟수를 줄이네요. 강아지들은 이 시기에 급속도로 성장하기 때문에 많은 양의 영양분을 섭취해야 하지만 어미개는 여러 새끼의 모유량을 채워주지 못하죠. 이제 어미젖이 아닌 다른 먹이와 영양분을 공급해야 하는 시기가 왔다는 증거예요. 때마침 까미에게 날카로운 이빨이 나기 시작해요. 그래서 사탕이는 젖을 먹이는 것이 더욱 힘들고 고통스럽죠. 이렇게 다른 먹이 공급 시기에 맞춰 자연스럽게 어미개도 젖을 떼기 시작하는 거예요. 하지만 갑작스러운 변화는 좋지 않아요. 젖을 떼는 시기에 맞춰 새로운 먹이에 조금씩 적응시켜 주어야 해요.

강아지들의 젖을 떼기 위해 어미개로부터 갑자기 떨어뜨려 두는 것은 나쁜 영향을 미칠 수 있어요. 따라서 자연스럽게 변화를 유도하는 것이 좋아요. 이렇게 사탕이와 떨어져 있는 시간이 늘어나면서 까미는 형제견들과 지내는 시간이 늘었어요. 이 과정에서 서로 엉키며 물고 짖는 놀이도 많이 하게 됐죠. 그렇게 노는 동안 근육이 발달하고, 턱의 힘을 조절하는 방법도 배우게 돼요. 이러한 놀이를 통해 강아지들은 앞으로 살아가는데 필요한 사회적 방법을 터득해 나가는 거예요.

생후 4~6주 때에는 사람과의 접촉도 중요하지만 무엇보다 개들끼리의 접촉이 중요하기 때문에 생후 6주 전에는 되도록 입양을 하지도, 보내지도 마세요. 생후 5주 이후부터는 사람과의 접촉과 사회성에 초점을 맞춰야 해요. 따라서

● 사회화 시기에 서로 뒤엉켜 물고 레슬링과 같은 놀이를 즐겨요.

이 시기에는 보호자뿐 아니라 많은 사람들과의 접촉과 핸들링이 필수적이죠. 아이부터 어른, 여자와 남자 등 다양한 사람과 접촉하며 간단한 놀이를 통해 사람에 대한 거부감을 없애고 사회성을 길러주어야 해요(아직 강아지의 면역력이 형성되지 않은 시기이므로 처음에는 보호자 및 가족 위주로 접촉을 시도하고 점점 그 범위를 넓혀가세요).

일주일에 한두 번씩 그루밍을 실시해주고 개의 각 부위를 터치해줌으로써 추후 사람의 손길에 거부감이 없도록 길들여주는 것도 이 시기에 매우 중요하다고 할 수 있어요. 이제는 정말 감당할 수 없을 정도로 까미와 형제들의 활동영역이 늘어났어요. 튼튼해진 근육과 호기심 때문에 어디든 겁 없이 돌아다니는 말썽꾸러기가 되었고, 물건과 사람을 가리지 않고 새로운 것과 관심이 생기는 것이면 주저 없이 다가가죠.

이 시기에는 소리 나는 것에도 관심을 갖기 때문에 이름을 부르거나, 손뼉을 치거나, 여러 도구를 이용해 자연스럽게 오도록 교육할 수 있어요. 또 이때부터 사람과 눈 마주치는 것에 거부감이 없도록 교육하여 공포감이나 두려움이 없도록 길러주어야 해요.

생후 2개월이 지나면 이제 다른 곳으로 입양을 보낼 준비를 시작해야 해요. 어느 순간 까미에게서 마운틴 독의 모습이 보이기 시작했어요. 뭉툭한 얼굴에서 제법 앞으로 나온 주둥이 하며, 짧았던 다리도 많이 길어지고, 털 손질까지 해주고 나니 이제 어엿한 마운틴 독이 다 되어 있네요.

입양 후에도 사회화 훈련을 게을리해서는 안됩니다. 시각, 청각, 후각, 촉각 등을 자극해 주고 다양한 경험을 시켜주어야 합니다. 간단한 기본 훈련과 배변 훈련도 이 시기부터 가르쳐주는 게 좋습니다. 하지만 많은 분들이 질병과 바이러스 감염을 이유로 접종이 완료될 때까지 폐쇄적인 환경에 방치해 두는 분들이 계시는데요. 강아지를 안고 간단한 산책을 하는 것도 도움이 되며, 집으로 지인분들을 초대하여 다양한 사람들과 조금씩 접촉을 허용하는 것도 많은 도움이 됩니다.

- 운동감각이 발달해요

- 배변을 가려 할 수 있어요

- 날카로운 이빨이 나요

- 사람과 개의 접촉이 필요해요

- 호기심이 많아져요

● 까미가 이제 제법 마운틴 독다워졌어요!

Contents

Prologue _ 강아지와 나누는 더 깊은 대화 4

까미의 성장일기 8

Part 1. 두근두근 설레는 첫 만남

01. 강아지를 키울 준비가 되어 있을까? _26

02. 나는 어떤 강아지와 맞을까? _30

03. 강아지, 어디에서 데려올까? _37

04. 강아지 입양 계약서 작성하기 _46

05. 강아지 이름 짓기 _50

06. 필수용품 준비하기 _53

07. 우리 강아지 맞이하기 _67

08. 예방접종하기 _71

09. 강아지 에티켓(펫티켓) _74

10. 국내 인기 반려견 _79

Part 2. 강아지 Yes or No

01. 잘못은 매로 다스려야 한다? _96

02. 나쁜 행동은 정말 못 고칠까? _98

03. 똑똑한 개는 타고난다? _101

04. 개는 대충 키우면 된다? _104

05. 문제는 개에 있다? _106

06. 훈련법대로만 하면 될까? _108

07. 개도 밤길을 무서워한다? _112

08. 사나운 개들은 성격이 포악하다? _115

09. 온순한 개는 마냥 온순할까? _117

10. 도망갈 때는 쫓아가 잡는 게 최선이다? _120

11. 신생아와 강아지는 같이 키울 수 없다? _123

12. 유기견은 하자가 있다? _126

13. 무더운 여름, 개도 털을 밀어줘야 시원하다? _129

14. 규칙적인 산책이 좋다? _132

15. 식사 시간은 규칙적인 게 좋다? _135

16. 강아지 집은 클수록 좋다? _138

17. 강아지는 낯선 사람이 만져줘도 마냥 좋아한다? _142

18. 잠은 같이 자면 안 된다? _145

Part 3. 강아지와 함께하는 즐거운 훈련 놀이

01. 훈련은 왜 필요할까? _150

02. 훈련은 언제부터 해야 할까? _152

03. 훈련엔 보상이 필요해-먹이, 장난감, 칭찬 _154

04. 아이콘택트 하기 _157

05. "앉아" 배우기 _160

06. "엎드려" 배우기 _165

07. "안 돼" 배우기 _169

08. "기다려" 배우기 _171

09. "이리 와" 배우기 _175

10. "놔" 배우기 _180

11. "빵야" 배우기 _183

12. 물건 물어오기 _187

13. 장애물 뛰어넘기 _190

14. 다리 사이로 지나가기 _193

15. 하우스 훈련(켄넬 교육) _195

16. 배변 훈련 _199

17. 산책 훈련 _206

18. 입마개 착용하기 _212

19. 노즈워크 _216

20. 터그놀이 _221

Part 4. 강아지 입장 이해하기

01. 목욕하기 싫어해요 _226

02. 병원을 무서워해요 _229

03. 미용을 싫어해요 _231

04. 발을 만지면 싫어해요 _233

05. 가족과 떨어지거나 혼자 있길 싫어해요(분리불안) _237

06. 목걸이를 착용하면 움직이지 않아요 _243

07. 자꾸 똥을 먹어요 _246

08. 사료를 먹지 않아요 _251

09. 먹을 때 예민해져요 _254

10. 쓰레기통을 뒤져요 _257

11. 지나치게 뛰어다니고 흥분해요 _260

12. 잠을 자다가 갑자기 돌발행동을 해요 _263

13. 신발을 물어뜯어요 _265

14. 아무나, 아무거나 물어요 _268

15. 사람에게 뛰어올라요 _271

16. 다른 사람을 싫어해요 _274

17. 다른 개를 싫어해요 _278

18. 계속해서 짖어요 _282

19. 초인종 소리만 나면 짖어요 _287

20. 천둥소리를 무서워해요 _294

21. 차만 타면 불안해해요 _299

22. 자꾸 도망을 가요 _303

23. 야단을 쳐도 못 들은 척 하품만 해요 _305

24. 마운팅(성적 행동)을 해요 _308

☻ Part 5. 강아지 속마음 알아채기

01. 하품하기 _314

02. 코 핥기 _316

03. 고개 돌리기 · 시선 피하기 _318

04. 등 돌리기 _320

05. 천천히 움직이기 _322

06. 기지개 켜기 _324

07. 바닥 냄새 맡기 _326

08. 끼어들기 _328

09. 곡선을 그리며 돌아서 지나가기 _330

10. 그 외의 속마음 _332

Epilogue _ 뽀또 이야기 336

부록 _ 알아두면 쓸 데 있는 강아지 상식
    01. 강아지에게 위험한 음식 342
    02. 강아지 나이 계산법 347

Part 1 _

두근두근
설레는 첫 만남

강아지를 키울 준비가 되어 있을까?

개는 이제 우리에게 애완동물의 의미를 넘어 한평생 함께 살아가는 반려자이자 동반자의 의미를 지니게 되었습니다. 한 번의 선택이 10~20년을 좌우하기에 개를 입양할 때는 예쁘다, 귀엽다, 가엾다 등의 순간적인 감정에 의할 것이 아니라, 자신의 생활여건과 여러 가지 조건 등을 꼼꼼히 살펴 신중하게 생각하고 결정해야 합니다.

🐾 가족 구성원 모두가 입양에 동의했습니까?

본인 혼자만의 결정이고 가족 구성원 중 한 명이라도 반려견 입양을 반대한다면, 다시 한번 고민해보시기 바랍니다. 가족 구성원 중 누군가가 반대할 경우 그 강아지는 한평생 함께할 수 없는 가능성이 크기 때문입니다.

🐾 경제적으로 여유로우신가요?

반려견을 키우는데 꼭 돈이 많아야 한다는 법이 있는 것도 아니고, 돈이 많다고 해서 반려견을 잘 키운다고 할 수도 없습니다. 하지만 분명한 것은 반려견을 키우게 될 경우, 매월 양육비로 적게는 10만 원 내외에서 많게는 수십만 원 이상의 고정적인 지출이 발생하게 됩니다.

또 강아지가 아파서 동물병원을 가야 하거나 수술을 해야 할 경우, 갑자기 급한 사유로 강아지를 다른 곳에 잠시 맡겨야 하는 경우에는 수십만 원에서 수백만 원의 지출이 발생하기도 합니다. 반려견을 키우는데 부자일 필요는 없지만, 어느 정도는 경제적으로 여유가 있어야만 합니다.

🐾 반려견을 돌봐 줄 수 있는 가족들이 있나요?

만약 1인 가구이고, 밖에 나가 일을 하는 분이라면 반려견 입양에 대해 다시 한번 신중하게 고민해볼 필요가 있습니다. 24시간 매일 반려견과 꼭 함께 있어야 하는 것은 아니지만 개는 사회화 동물로서 혼자 있는 것에 대해 불안함을 느끼는 동물입니다.

오랜 시간 함께 할 수 있는 시간이 부족하고 집에서 반려견이 혼자 있는 시간이 길어진다면 많은 문제가 발생하기도 합니다. 그래서 매일 산책을 시켜줘야 하고, 관리하고, 보호해 주어야 합니다. 반려견을 키운다는 것은 아이를 키우는 것과 별반 다르지 않습니다.

🐾 개라는 동물에 대한 지식이 있으신가요?

반려견을 입양할 경우 생명을 평생 책임져야 하는 막중한 의무가 동반됩니다. 반려견을 입양하기 전에 전문가 수준은 아니어도 개라는 동물에 대한 기본적인 지식은 꼭 습득하고 난 뒤에 입양하길 바랍니다. 반려견을 키워본 경험이 없다면 더욱 그래야만 합니다.

그 외 주거지의 환경과 여건, 가족 구성원들의 반려동물에 대한 알레르기 반응 등을 충분히 고려해야 합니다. 그리고 입양 전 스스로 '나는 반려견을 입양할 준비가 되어 있는가?'라고 다시 한번 질문을 해보며 신중하게 결정하길 바랍니다.

반려견 입양 전 고려사항(표)

1. 반려견을 입양하는 곳에 대해 충분히 알아보셨나요?	(예 / 아니요)
2. 현재 살고 있는 곳이 자신 소유의 집이 아닐 경우, 반려견을 키우는 것에 대해 집 소유자로부터 동의를 구하셨습니까?	(예 / 아니요)
3. 가족 구성원 중 반려동물에 대한 알레르기 및 천식 등의 반응을 보이거나 문제의 소지가 되는 구성원이 있습니까?	(예 / 아니요)
4. 반려견을 새로운 식구로 맞이하는 것에 가족 모두가 동의했습니까?	(예 / 아니요)
5. 가족 구성원 중 어린아이가 함께 살고 있나요? 함께 살고 있다면 반려견 입양에 대한 충분한 설명과 주의사항에 대해 인지시켜 주었습니까?	(예 / 아니요)
6. 현재 반려동물을 키우고 있습니까?	(예 / 아니요)
7. 과거 반려동물을 키운 적이 있습니까?	(예 / 아니요)
8. 입양한 반려견에게 인식표를 24시간 365일 착용해 주어야 합니다. 동의하십니까?	(예 / 아니요)
9. 입양한 반려견을 잃어버렸을 경우, 찾을 수 있도록 모든 노력을 기울이셔야 합니다. 동의하십니까?	(예 / 아니요)
10. 반려견을 함부로 번식, 양도, 판매할 수 없습니다. 동의하십니까?	(예 / 아니요)
11. 반려견이 아플 경우, 적절한 치료 및 진료 혜택을 받게 해주실 수 있습니까?	(예 / 아니요)
12. 반려견을 키우실 경제적인 능력이 있으십니까?	(예 / 아니요)
13. 반려견이 자연사할 때까지 함께 하실 것을 약속합니까?	(예 / 아니요)
14. 개라는 동물에 대한 기본적인 지식을 갖추고 있습니까?	(예 / 아니요)
15. 하루 한 번 이상 반려견을 산책시킬 수 있습니까?	(예 / 아니요)
16. 반려견을 집에 혼자 오랜 시간 혼자 두면 안 됩니다. 동의하시나요?	(예 / 아니요)
17. 반려견을 키우는 것은 한 명의 아이를 키우는 것처럼 막중한 책임이 뒤따르고 힘든 일도 많이 발생합니다. 사전에 인지하고 계십니까?	(예 / 아니요)
18. 끝으로 반려견을 입양할 모든 준비가 되어 있습니까?	(예 / 아니요)

나는 어떤 강아지와 맞을까?

🐾 **나 그리고 우리 집에는 어떤 강아지가 좋을까?**

소형견·중형견·대형견 중 어떤 크기의 개가 나에게 맞을까? 개를 고르기 전에는 항상 자신과 주변 환경과 여건을 고려해야 합니다. 대형견의 경우 운동을 좋아하고 활동적인 사람들에게 적합하며, 스포츠 활동이나 집을 지키는 등의 특수목적에 의해 기르는 사람이 많습니다.

큰 개의 활동량을 맞춰줄 수 없다면 그 개는 분명 그 에너지를 다른 곳으로 발산할 것이고, 그것은 곧 개의 문제 행동으로 이어질 수 있습니다. 주택이나 농촌, 집 앞에 큰 마당이 있으면 대형견을 기르기 유리하겠지만, 도심이나 아파트라고 해서 대형견을 기를 수 없는 것은 아닙니다. 어떤 견종을 고르고 어떻게 관리하며 키우는지에 따라서 아파트에서도 충분히 대형견을 기를 수 있습니다.

개를 고를 때는 장점뿐만 아니라 단점까지 체크해야 합니다. 대형견의 경우 소형견에 비해 먹는 양도 많고, 또 많이 먹는 만큼 배설물도 당연히 많습니다. 여행이나 이동 시 함께하는 것도 어려울 것이며, 개가 사람을 물 경우 크게 다칠 수도 있습니다.

반면, 소형견은 이와 반대되는 사항들이 많을 것입니다. 활발한 운동이나 스포츠를 함께 즐기기에는 활동량이 부족하지만, 먹는 양도 적고, 배설물 역시 대형견에 비해 적기 때문에 치우기 수월합니다. 여행이나 이동 시에도 작은 가방에 넣을 수 있어 간편하므로 함께 여행을 가기도 좋습니다. 그러나 소형견은 장난이 심한 아이가 있는 집에는 적합하지 않을지도 모릅니다. 또 소형견은 대형견에 비해 연약해서 다칠 위험이 큽니다.

대형견은 크게 짖어 시끄럽다고요? 작은 개들은 대형견에 비해 짖는 소리는 조금 작아도 더 자주 짖습니다. 이렇게 서로 장단점이 존재하기에 강아지를 입양하기 앞서서는 여러 가지 항목들을 잘 체크하여 신중히 선택해야 합니다.

크기 외에도 암컷인지, 수컷인지, 그리고 털의 길이, 털 빠짐, 개의 훈련성 등을 꼼꼼히 체크해야 하며 외모 역시 빼놓을 수 없습니다. 한 번 선택한 개는 10년 이상 길게는 20년을 함께 살아야 하는데 아무리 완벽한 견종이라도 기르는 사람의 마음에 들지 않는다면 반려견에게도 보호자에게도 힘든 생활이 될 것입니다.

🐾 반려견 선택 시 고려사항(반려견 분류)

1. 크기별 분류

소형견, 중형견, 대형견의 기준은 강아지 체고 또는 몸무게로 분류할 수 있습니다. 소형견에 속하는 견종으로는 몰티즈, 토이 푸들, 시츄, 치와와, 요크셔테리어, 포메라니안 등이 있습니다. 중형견은 웰시코기, 스피츠, 슈나우저, 코커 스패니얼, 비글, 보더콜리 등이 있으며, 로트와일러, 저먼 셰퍼드 독, 골든 레트리버, 래브라도 레트리버, 시베리언 허스키, 맬러뮤트 등의 견종이 대형견에 속합니다.

2. 순종견과 믹스견(혼혈종) 분류

순종견은 견종별로 각각의 개성 및 기질 등의 특징을 가지고 있어 다 자랐을 때 크기에 대한 예측이 가능합니다. 견종별로 가지고 있는 유전적인 질환을 가지고 태어나는 강아지들이 많으며 입양 시 비용이 비싸다는 단점이 있습니다(같은 견종이라 하더라도 개체에 따라 약간 다를 수 있습니다).

인위적인 간섭 없이 자연적인 본능에 따라 자연 번식된 믹스견(혼혈종)의 경우에는 우성형질이 유전되는 경우가 많기 때문에 일반적으로 더 건강하고 기질적인 면에서도 뛰어난 견종이 많습니다. 서로 다른 성격, 크기 등 여러 견종이 섞여 있어 반려견이 다 자랐을 경우에 크기에 대한 예측이 어려우며, 성격, 기질 등 강아지의 특성을 예상하기 힘듭니다.

3. 견종 그룹별 분류

① 스포팅 그룹(Sporting group)

새 사냥을 하는 조렵견 그룹이었습니다. 사냥감을 포획하는 역할이 아니고, 목표물의 위치를 확인하고 회수하는 것이 주 임무였습니다. 움직이는 물체에 대한 반응이 뛰어나며 똑똑합니다. 대표 견종은 아메리칸 코커 스패니얼, 잉글리시 코커 스패니얼, 골든 레트리버, 래브라도 레트리버, 저먼 포인터, 잉글리시 세터 등이 있습니다.

② 하운드 그룹(Hound group)

동물을 사냥하는 수렵견 그룹으로 시각 하운드와 후각 하운드로 나뉩니다. 시각 하운드는 달리기를 좋아하고 시속 65Km 정도의 빠른 속도를 자랑하며 지구력도 강합니다. 시각이 넓고 움직이는 물체에 대한 반응속도가 빠릅니다. 후각 하운드는 뛰어난 후각으로 끈기있게 작은 동물들을 추적합니다. 긴 몸길이와 큰 귀는 바닥에 남아 있는 사냥감의 흔적을 찾는데 최적화되어 있습니다. 대표 견종으로는 아프간 하운드, 그레이하운드, 휘핏, 바셋하운드, 비글, 닥스훈트, 보르조이, 바센지 등이 있습니다.

③ 워킹 그룹(Working group)

사람이 하기 힘들고, 위험한 일을 대신하는 사역 견종이었습니다. 근육이 발달하였고, 지구력이 뛰어납니다. 손수레나 썰매를 끄는 썰매견, 경호견, 경비견 등 인간에게 유익한 다양한 일을 했으며, 대형견 및 특대형견이 많습니다. 대표 견종으로는 그레이트데인, 세인트버나드, 도베르만 핀셔, 로트와일러, 복서, 사모예드, 시베리언 허스키, 알래스칸 맬러뮤트, 마스티프 등이 있습니다.

④ 테리어 그룹(Terrior group)

땅속에 사는 작은 동물(쥐, 토끼 등)을 잡는 사냥에 많이 이용되었습니다. 또 투견으로도 많이 이용되었던 견종입니다. 땅파기를 좋아하고, 용감하며, 강한 기질 및 성격의 강아지들이 많습니다. 대표 견종으로는 에어데일 테리어, 베를링턴 테리어, 폭스 테리어, 잭 러셀 테리어, 불 테리어, 미니어처 슈나우저 등이 있습니다(다른 그룹에 분류된 보스턴 테리어, 요크셔테리어에게는 아직 테리어 그룹의 특징이 남아 있습니다).

⑤ 논스포팅 그룹(Non-sporting group)

다른 견종들과 달리 특징적으로 분류되지 않은 견종들로 어떠한 그룹에도 속하지 못한 견종들입니다. 하지만 견종마다 특징들이 남아 있고 현재에도 많은 마니아층이 형성되어 있습니다. 대표 견종으로는 스탠더드 푸들, 달마티안, 불독, 시바 이누, 프렌치 불독, 보스턴 테리어, 샤페이, 라사압소, 차우차우 등이 있습니다.

⑥ 토이 그룹(Toy group)

작고 귀여운 장난감 같은 느낌의 견종이라 토이 그룹이라고 불립니다. 다른 개들에 비해 크기가 작으며 외모가 귀여워 특히 우리나라 사람들이 가장 많이 키우는 반려견 그룹 중 하나입니다. 대표 견종으로는 몰티즈, 토이 푸들, 시츄, 요크셔테리어, 퍼그, 포메라니안, 파피용, 페키니즈, 미니어처 핀셔 등이 있습니다.

⑦ 허딩 그룹(Hreding group)

목축에 도움을 주었던 견종 들입니다. 가축을 모으는 일과 가축을 지키는 일을 하였습니다. 아침에는 가축들을 초지로 유도하고 낙오자가 없도록 가축들을 몰고, 저녁에는 다시 우리 안으로 안전하게 몰아야 하는 일을 했던 강아지들은 머리가 좋고 보호 본능이 발달하였습니다. 대표 견종으로는 저먼 셰퍼드 독, 보더콜리, 콜리, 셰틀랜드 쉽독, 올드 잉글리시 쉽독, 웰시코기 등이 있습니다.

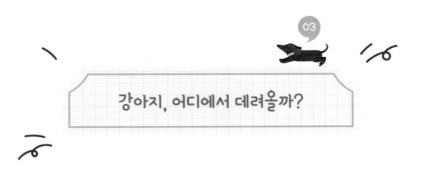

강아지, 어디에서 데려올까?

어떠한 개를 입양할지 정했다면 어디서 입양할지를 신중히 선택해야 합니다.

🐾 일반적인 입양처

1. 애견숍에서 입양하기

장점: 많은 견종과 다양한 강아지들을 한곳에서 보고 결정할 수 있습니다.

단점: 충동적으로 결정할 수 있습니다. 애견숍의 수익을 내려는 생각이 커 보통 너무 어린(생후 한 달 전후) 강아지들을 전시해 둡니다. 따라서 개의 면역력이 낮고, 건강에 취약하며, 어미의 보살핌이 필요할 때 억지로 떨어뜨려 놓았기 때문에 차후 문제 행동을 일으킬 수도

있습니다. 많이 개선되고 좋아졌다고는 하지만 일부 부도덕한 업체가 아직 있기 때문에 믿을만한 곳을 선정하여 입양하기를 권해드립니다.

2. 동물병원에서 입양하기

장점: 건강관리가 되어 있어 병에 걸린 강아지를 입양할 확률이 낮습니다. 단골 병원이 될 수도 있기 때문에 입양 후 사후관리에 많은 도움을 받을 수 있습니다.

단점: 최근에는 동물병원과 연계된 애견숍인 경우가 많습니다. 방문 전 확인이 필요합니다.

3. 수입 견사를 통해 입양하기

장점: 일반적으로 잘 알려지지 않은 견종을 입양하려는 분들에게는 국내에서 원하는 견종을 찾는 게 쉽지 않을 수도 있습니다. 그런데 수입 견사의 경우 국내에 많지 않은 견종에 대해서도 비교적 쉽게 입양할 수 있습니다.

단점: 일부 부도덕한 곳에는 혈통이 불분명하고, 다른 곳에 비해서 분양 금액이 매우 높은 편입니다.

장점: 사진을 통해 많은 견종을 보고 고를 수 있으며 분양 가격 비교가 편리합니다.

단점: 한평생 함께할 강아지를 직접 보지도 않고 사진으로만 판단하고 입양한다는데 가장 큰 문제가 있습니다. 또한, 일부 부도덕한 업체가 있으므로 사기 등 사후 문제에 있어 어려움이 발생할 수 있으므로 계약서를 작성할 것을 권해드립니다. 입양한 강아지를 건네받는 방법에 대해서도 꼼꼼히 살펴봐야 합니다. 물건이 아닌 살아 있는 생명이기에 택배나 상자 등에 가두어 보내는 일부 부도덕한 업체는 꼭 체크하여 피할 수 있기를 바랍니다.

5. 인터넷 직거래로 입양하기

장점: 비교적 저렴한 가격에 훌륭한 강아지를 입양할 수 있습니다. 인터넷 직거래를 통해 입양을 원한다면 꼭 상대방에게 많은 정보를 요청해야 합니다. 오랜 기간 활동하고 많은 사람들에게 인정받고 있는 반려견 동호회, 또는 반려견 카페 등을 추천합니다.

단점: 사후 문제가 발생할 수 있기 때문에 반드시 계약서를 작성해야 합니다. 또한, 개인이나 가정집에서 키우는 강아지가 아닌 일부 업체

사람들이 분양 글을 올리는 경우가 많으므로 꼼꼼히 체크해서 결정해야 합니다. 인터넷 쇼핑몰과 마찬가지로 강아지를 건네받는 방법에 대해서도 살펴보아야 하는데, 번거롭더라도 직접 찾아가 강아지를 살펴보고 입양할 것을 권합니다.

🐾 추천 입양처

1. 전문견사 또는 브리더(사육사)를 통해 입양하기

장점: 부모 견을 직접 확인할 수 있으며 품종과 입양할 강아지에 대한 많은 정보를 비교적 자세하게 얻을 수 있습니다. 대개 좋은 점뿐만 아니라 나쁜 점에 대해서도 자세히 일러줍니다. 믿을 만한 브리더들은 단지 수익을 위해 강아지를 생산해내지 않습니다. 그들은 부모 견의 신체적 장단점과 성격, 기질에 대해 누구보다 잘 알고 있으며 무분별한 번식보다는 좋은 품종을 생산해내기 위해 힘씁니다. 혈통에 대해서도 믿을 수 있으며, 괜찮은 브리더라면 입양 후 사후 보장 및 관리에 대해서도 적극적일 것이라 믿습니다.

단점: 대체로 분양금액이 매우 높은 편에 속합니다. 강아지를 선택할 수 있는 폭이 넓지 않습니다. 개의 혈통이나 도그쇼 또는 우승경력 등

좋은 점만을 강조하며 높은 가격을 부르는 부도덕한 브리더들도 일부 있으므로 주의해야 합니다. 좋은 브리더는 그 개의 장점뿐만 아니라 단점까지도 솔직히 공개합니다.

2. 개인적 친분으로 입양하기(가정견 입양)

장점: 입양할 강아지에 대한 정보를 손쉽게 알 수 있습니다. 또 많은 강아지를 관리하지 않기 때문에 모견의 생활 환경이 좋고 건강관리가 잘 되어 있는 편이고, 자견의 건강상태도 양호한 편입니다. 또 모견, 형제 강아지 그리고 집안에서 사람들과 함께 생활하고 있기 때문에 입양 이후에도 새로운 환경에서 적응이 빠릅니다. 궁금한 것에 대해 거리낌 없이 질문할 수 있고, 입양 전에도 여러 번 개를 관찰할 기회가 주어지기 때문에 신중히 접해보고 판단할 수 있습니다. 입양 후에도 개를 키우면서 발생하는 일이나 문제점 등에 대한 고민 상담이나 문의가 수월합니다. 비용에 대한 부담 역시 다른 곳과 비교해 적은 편입니다.

단점: 모견에 대한 정보는 쉽게 얻을 수 있지만 부견이나 혈통에 대한 정보는 정확도가 떨어지는 경우가 많습니다. 개인적인 친분을 이용한 분양이기 때문에 계약서 등 기타 서류 작성에 소홀해질 수 있다

는 문제점도 있습니다. 문제 발생 시 사이가 멀어질 수 있다는 단점도 있습니다.

3. 동물 보호소 또는 단체에서 입양하기

장점: 유기견 입양 시 가장 크게 우려하는 것 중 하나가 개의 질병과 건강에 대한 부분이라고 생각합니다. 믿을만한 보호소라면 기본적으로 질병 검사를 진행하기 때문에 감염 여부를 확인할 수 있습니다. 오히려 이윤 추구를 목적으로 강아지를 분양하는 애견숍이나 인터넷 쇼핑몰보다 질병 감염의 확률이 더 낮습니다. 품종 선택에 대해서도 유기견은 순종보다는 믹스견(혼혈종)이 대부분이라는 단점도 있지만 반대로 순종견에게 유전적으로 발병되는 특정 질병을 피할 수 있다는 장점도 갖고 있습니다. 또한 유기견 입양은 다른 입양처에 비해 상대적으로 비용이 저렴합니다. 시·군·구청 등 국가 예산으로 운영되고 있는 보호소의 경우에는 무료로 분양하기도 하며 개인이나, 개인의 후원으로 운영하는 사설 보호소의 경우에도 약간의 책임 비용만 내면 됩니다. 무엇보다 유기견 입양은 보호 기간이 지나 안락사에 처한 강아지를 구할 수 있어 생명 보호에도 크게 기여할 수 있습니다. 유기견 중에서는 과거 사랑받다가 단지 귀찮

다는 이유만으로 버려진 강아지들이 상당수 있습니다. 이곳에서 그 어떤 개보다도 예쁘고 훌륭한 아이를 입양할 수 있습니다.

단점: 떠돌이 생활을 하면서 특정 질병을 가지고 있을 수도 있습니다. 열악한 환경이나 비도덕적으로 운영되는 일부 보호소의 경우에는 질병에 걸려있는 강아지들도 있어 꼼꼼히 살펴보아야 합니다. 품종 선택의 폭이 넓지 않아 원하는 강아지를 입양하기 힘들며, 일부 강아지 중에서는 보호자에게 버림받은 충격에 대한 불안과 두려움으로 이상행동을 보이는 경우도 있습니다.

🐾 강아지, 사지 말고 입양하세요

유기견을 입양한다는 것은 책임감도 동반되는 것입니다. 입양을 결정하기 전에 다시 한번 고민하고, 또 생각해보세요. 내가 지금 개를 키울 조건과 준비가 되었는지, 가족 모두가 동의했는지 혹은 유기견이라는 이유로 단지 불쌍하고 가여워 보여서 입양하려고 하는 건 아닌지…. 단순히 불쌍하고 가엾다는 이유만으로 유기견을 입양하려는 것이라면 반대입니다. 그렇게 입양된 강아지들은 다시 버려질 확률이 높기 때문입니다.

강아지는 싫증이 난다고 해서 쉽게 버리고 사는 장난감이 아닙니다. 당신과 앞으로 동고동락할 가족입니다. 하나의 생명을 입양해서 기른다는 것은 매우 흥분되고, 행복한 일입니다. 하지만 이미 상처를 받은 강아지에게 또다시 상처를 주는 일은 없어야 합니다.

유기견을 입양한다는 것은 그만큼 책임감과 어려움이 뒤따르는 일입니다. 분명 쉽지 않은 일이지만 그 아이들이 앞으로 당신에게 줄 행복과 기쁨은 그 무엇과도 바꿀 수 없을 만큼 가치 있는 일일 것입니다.

🐾 강아지 입양 전 이것만큼은 꼭 확인하세요!

나와 맞는 강아지일까요? – 강아지의 성격, 외모, 특성이 나와 잘 맞는지 확인!	☐
어디에서 입양할지 정했나요? – 단순히 돈만을 목적으로 한 곳은 NO!	☐
생후 2개월 이상 된 강아지인가요? – 너무 어린 강아지는 면역력이 약해요.	☐
강아지의 겉모습을 통해 건강상태를 확인했나요? – 코 촉촉, 항문 주변 깨끗, 털 윤기, 눈곱 없고 초롱초롱….	☐
강아지 배변 상태를 확인했나요? – 오줌 색상(진하거나 혈변 ×), 변의 농도(묽거나 딱딱 ×)	☐

건강기록부를 확인했나요?	☐
– 건강검진 상태, 질병 여부, 유전병 여부 확인!	
부모 견의 이력이나 혈통서는 확인했나요?	☐
– 혈통서는 강아지의 소중한 정보가 담긴 서류에요.	
계약서는 잘 작성되었는지 확인했나요?	☐
– 불리한 조항은 없는지 각 문항을 꼼꼼히 잘 살펴보세요.	
강아지와 함께 놀아보셨나요?	☐
– 움직임, 성격, 반응성, 성향을 파악해보세요.	
나는 정말 강아지를 키울 준비가 되었나요?	☐
– 책임감, 기본 상식, 가족동의, 환경(반려견 입양 전 고려사항(표) 참조) 등	

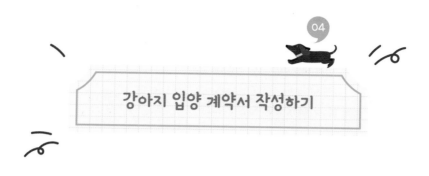

강아지 입양 계약서 작성하기

새로운 가족으로 맞이할 반려견을 선택하고 입양까지 결정했다면 계약서를 작성해야 합니다. 그러나 아직도 법을 준수하지 않은 계약서를 사용하는 반려동물 판매업체가 많아 조심해야 합니다.

동물판매업체를 통해서 반려견을 입양하는 경우 동물판매업으로 등록된 업체인지 확인해야 합니다. 동물판매업 등록 여부는 동물보호관리 시스템(https://www.animal.go.kr) 또는 소재지 관할 지자체에서 확인할 수 있습니다.

등록된 업체라면 동물판매업 등록증 게시 및 매매 계약서 제공이 의무화되고 있습니다. 해당 업체에서 「소비자기본법 시행령」 제8조 제3항에 따른 소비자분쟁해결기준의 내용을 포함한 계약서와 해당 내용을 증명하는 서류를 제공하고 있는지 확인한 뒤 계약서를 작성하길 바랍니다. 업체 측에서 법을 준수하지 않고 임의로 작성한 불법 계약서에는 어떠한 불이익이 발생할지 모르니 꼼꼼히 살펴봐야 합니다.

---

*동물보호법 시행규칙

영업자의 준수사항(제43조 관련) 〈개정 2020. 8. 21.〉

나. 동물판매업자

1) 다음의 월령(月齡) 이상인 동물을 판매, 알선 또는 중개해야 한다.

　㉮ 개 · 고양이: 2개월 이상
　㉯ 그 외의 동물: 젖을 뗀 후 스스로 사료 등 먹이를 먹을 수 있는 월령

2) 미성년자에게는 동물을 판매, 알선 또는 중개해서는 안 된다.

3) 동물 판매, 알선 또는 중개 시 해당 동물에 관한 다음의 사항을 구입자에게 반드시 알려주어야 한다.

　㉮ 동물의 습성, 특징 및 사육방법
　㉯ 등록대상동물을 판매하는 경우에는 등록 및 변경신고 방법 · 기간 및 위반 시 과태료 부과에 관한 사항 등 동물등록제도의 세부내용

4) 「소비자기본법 시행령」 제8조 제3항에 따른 소비자분쟁해결기준에 따라 다음의 내용을 포함한 계약서와 해당 내용을 증명하는 서류를 판매할 때 제공해야 하며, 계약서를 제공할 의무가 있음을 영업장 내부(전자상거래 방식으로 판매하는 경우에는 인터넷 홈페이지 또는 휴대전화에서 사용되는 응용프로그램을 포함한다)의 잘 보이는 곳에 게시해야 한다.

⑦ 동물판매업 등록번호, 업소명, 주소 및 전화번호
⑭ 동물의 출생 일자 및 판매업자가 입수한 날
⑮ 동물을 생산(수입)한 동물생산(수입)업자 업소명 및 주소
⑯ 동물의 종류, 품종, 색상 및 판매 시의 특징
⑰ 예방접종, 약물투여 등 수의사의 치료기록 등
⑱ 판매 시의 건강상태와 그 증빙서류
⑲ 판매일 및 판매금액
⑳ 판매한 동물에게 질병 또는 사망 등 건강상의 문제가 생긴 경우의 처리방법
㉑ 등록된 동물인 경우 그 등록 내역

5) 4)에 따른 계약서의 예시는 다음과 같고, 동물판매업자는 다음 계약서의 기재사항을 추가하거나 순서를 변경하는 등 수정해서 사용할 수 있다.

두근두근 설레는 첫 만남

* 반려동물 매매 계약서(예시)

아) 판매한 동물에게 질병 또는 사망 등 건강상의 문제가 생긴 경우의 처리방법

자) 등록된 동물인 경우 그 등록내역

5) 4)에 따른 계약서의 예시는 다음과 같고, 동물판매업자는 다음 계약서의 기재사항을 추가하거나 순서를 변경하는 등 수정해서 사용할 수 있다.

반려동물 매매 계약서(예시)

1. 계약내용

매매(분양)금액	금	펑 정 (₩)	인도(분양)일	년 월 일

2. 반려동물 기본 정보

동물의 종류		품 종		성별	암 / 수
출생일		부		묘	
입수일		생산자/수입자 정보		업소명 및 주소, 전화번호	
털색		동물등록번호 (등록대상 동물인 적습니다)			
특징					

3. 건강상태 및 진료 사항(예방접종기록 포함)

현재 상태	[ ]양호	[ ]이상	[ ]치료 필요	중성화 여부	[ ]예	[ ]아니오

	일자	질병명 또는 상태	처치내역	비고
세부 기록				

4. 분쟁해결기준

1) 구입 후 15일 이내 폐시한 경우	동종의 애반동물로 교환 또는 구입 금액 환급(다만, 소비자의 중대한 과실로 인하여 피해가 발생한 경우에는 배상을 요구할 수 없음)
2) 구입 후 15일 이내 질병이 발생한 경우	판매업소(사업자)가 제반비용을 부담하여 회복시켜 소비자에게 인도. 다만, 업소 책임하의 회복기간이 30일을 경과하거나, 판매업소 중 폐사 시에는 동종의 애완동물로 교환 또는 구입가 환급
3) 계약서를 교부하지 않은 경우	계약해제(다만, 구입 후 7일 이내)

5. 매수인(입양인) 주의사항

- 반려동물의 권리에 관한 사항을은 사업자가 반려동물을 작성합니다.
- 다만, 소비자의 중대한 과실에 해당할 수 있어 분쟁해결기준에 따른 배상이 제한될 수 있는 주의사항은 일반적인 주의사항과 구분하여 적시합니다.

위의 같이 계약을 체결하며 계약서 2통을 작성, 서명날인 후 각각 1통씩 보관한다.

년 월 일

매도인 (분양인)	주소			서명 날인	(인)
	영업등록번호				
	연락처	성명			
매수인 (입양인)	주소			서명 날인	(인)
	연락처	성명			

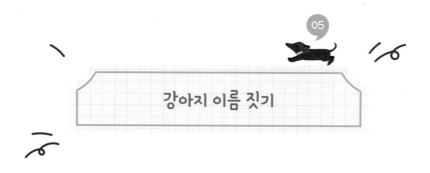

강아지 이름 짓기

앞으로 함께할 강아지를 입양하였다면 가장 먼저 해야 할 것 중 하나가 바로 이름을 지어주는 것입니다. 평생 불리게 될 이름이기 때문에 장난으로 또는 아무 의미 없이 짓기보다는 그 개의 특성이나 의미 있는 이름으로 지어주는 것이 좋습니다. 개의 이름을 지으면서 주의할 점 몇 가지에 대해서 알려드리겠습니다.

첫째, 나쁜 뜻의 이름보다는 좋은 뜻의 이름을 지어주어야 합니다. 물론 개가 이름의 뜻을 이해하진 못합니다. 그러나 나쁜 뜻을 가진 이름으로 지을 경우 그 개에 대해 부정적인 인식이 생길 수 있습니다. 예를 들어, 욕이나 더러운 뜻의 단어로 이름을 지어줄 경우 무의식중에 개와 나쁜 뜻을 연관 지어 생각할 수 있기 때문에 좋지 않습니다. 반면, 의미가 좋은 단어로 이름을 지어주면 기분 좋은 감정과 그 개를 연관 지어 생각하게 되기 때문에 개를 더 사랑하는 마음이 생겨납니다.

둘째, 개의 이름은 부르기 쉽고 알아듣기 쉽게 지어야 합니다. 이름이 쓸데없이 너무 길거나 어렵게 지으면 개 역시 알아듣기 힘들 것이고, 보호자 역시 시간이 지날수록 이름을 부르는 것이 귀찮아질 수 있습니다. 이 경우 중간에 개의 이름을 바꾸게 될 수도 있는데 개는 갑작스럽게 자신을 부르는 말이 달라지면 혼란을 느낄 수 있습니다. 1~2글자의 이름이 강아지가 알아듣기에 가장 적당합니다.

셋째, 비슷한 이름은 피해서 지어야 합니다. 함께 사는 가족이나 다른 반려동물을 키우고 있다면 비슷한 이름은 피해서 지어주세요. 개들은 사람의 말이나 단어를 이해하는 것이 아니라 억양이나 톤 등으로 사람의 말을 구별합니다. 비슷한 이름일 경우 개가 혼란스러워할 수 있습니다. 첫음절이 세거나 강한 발음일수록 알아듣기 쉽습니다.

넷째, 유기견, 파양견, 또는 학대로 상처를 받았던 강아지를 입양하였다면 기존에 부르던 이름 말고 새로운 이름을 지어주세요. 기존에 불렸던 이름에 대해 나쁜 기억이 있을 수 있기 때문에 이름을 새롭게 지어주는 것을 추천합니다.

🐾 반려견에게 이름 알려주기

반려견의 이름이 정해졌다면, 이름을 불러 보호자를 바라보게 유도합니다. 만약 반려견이 쳐다보았다면, 잘했다고 칭찬하고 간식이나 장난감으로 보상을 해주세요. 마찬가지로 이름을 불렀을 때 반려견이 옆에 오면 칭찬과 보상을 해주세요. 항상 이름을 불렀을 때 반응을 보인다면 그 뒤에는 긍정적인 단어나 긍정적인 경험이 따라와야 합니다.

🐾 절대 하지 말아야 할 것

이름 뒤에 부정적인 단어나 부정적인 경험이 따라오면 안 됩니다. 예를 들어 "겨울이 안 돼!", "겨울이 하지 마!" 등 이름 뒤에 부정적인 경험이 연관되면 이름을 부를 때 숨거나 도망가는 행동을 보일 수 있습니다. 사실 강아지가 자기 이름을 사람처럼 알아듣거나 자신의 이름이라고 인식하지는 못합니다. 자기를 부르는 명칭이나 보호자를 좀 바라봐 달라는 의미로 이해하는 게 더 맞는 것 같습니다.

필수용품 준비하기

1. 집(하우스)

비싸고 예쁜 개집을 사놓고도
사용하지 않는 이들을 주위에
서 쉽게 찾아볼 수 있습니다. 그
이유로 "개가 집에 잘 들어가려고
하지 않아요", "우리 집 개는 사람들

하고 함께 자려고만 해요", "개집이 너무 작아 불쌍해요" 등이 있습니다.
그래서 개집은 장식장으로 전락하고 맙니다.

개집의 용도는 단순히 개가 잠을 자는 용도로만 쓰이는 것이 아닙니다.
사람과 마찬가지로 보호받을 수 있으며, 안정을 찾을 수 있고, 개 자신만의 시간을 가질 수 있는 아주 특별한 공간입니다.

'사람들과 집 안에서 함께 사는데 굳이 개집이 따로 필요로 할까?' 하며 의문을 갖는 사람들도 많을 것으로 생각합니다. 그 의문에 대한 답은 "반드시 필요합니다"입니다. 집안에 따로 개집을 마련하지 않으면 개는 집 안 전체를 자신이 지켜야 할 영역으로 생각하게 되어 매우 불안해하고 스트레스를 받게 됩니다. 그로 인해 예민해지고 낯선 사람들의 반응에 더욱 민감해져 짖는 일이 잦아집니다.

또한, 개집은 배변 훈련이나 기타 교육을 진행할 때에도 쓰이며 외출, 이동 시 이동장으로도 용이하게 사용될 수 있습니다. 그래서 일반적인 개집보다는 외부의 충격으로부터 반려견을 보호받을 수 있으며 이동장으로도 가능한 크레이트(켄넬박스)를 추천합니다.

많은 사람들이 좁고, 철창으로 만들어진 곳에 가두게 되면 반려견이 갑갑하지는 않을까 하는 고민을 많이 하는데 그렇지 않습니다. 어느 장소에서보다 편안해 하며 이동장 혹은 이동 가방으로도 유용하게 사용할 수 있어 따로 구매하지 않아도 됩니다. 반드시 어려서부터 개가 개집에

편하게 들어가 쉴 수 있도록 환경을 만들어주고 훈련(교육)을 시켜주어야 합니다.

2. 목걸이(목줄, 가슴줄)

외출이나 산책 시 반드시 필요한 것이 강아지 목줄입니다. 하지만 개가 목줄 착용을 힘들어하고, 적응하지 못한다는 이유로 쉽게 포기하거나 어려움을 겪는 분들이 많은데, 어려서부터 가벼운 끈

등을 이용해 묶어 놓고 적응할 수 있도록 습관을 들여놓으면 나중에 거부감 없이 받아들일 수 있습니다. 제품을 고를 때는 연결고리가 튼튼한지 살펴보고, 목을 꽉 조이거나 너무 헐렁한 사이즈는 피하는 것이 좋습니다. 처음 산책할 때는 목줄을, 충분히 산책에 익숙해졌다면 가슴줄을 이용하는 것이 좋습니다.

한편, 목줄이나 가슴줄 외에도 많은 제품이 판매되고 있는데 각각의 장

단점이 있는 만큼 잘 판단하여 보호자와 반려견에게 맞는 제품을 사용하시면 됩니다.

3. 줄(리드줄)

외출이나 산책 시 리드줄을 착용하지 않고 공공장소나 공원에 개를 자유롭게 풀어놓으면 벌금이 부과될 수 있습니다. 리드줄은 개를 좋아하지 않는 사람에게 불쾌감을 주지 않고, 개의 돌발적인 행동으로 인한 피해를 방지할 수 있는 역할을 합니다. 동시에 개가 위험한 상황에 놓이는 것 또한 막을 수 있습니다. 또한, 보호자가 반려견을 쉽게 제어할 수 있게 도와줍니다.

이처럼 개줄은 단순한 끈이 아닌 개와 반려인을 하나로 연결해주는 매우 특별한 도구 중 하나입니다. 제품을 고를 때는 쉽게 끊어지지 않는 튼튼한 재질을 선택하고, 너무 길거나 짧은 제품을 피해 적당한 길이를 선택해야 합니다. 요즘 들어 3m에서 길게는 5m 이상의 리드줄을 사용하는 보호자가 많아졌습니다. 분명 짧은 줄은 개의 활동 반경에 제약을 주어 자유성을 침해하는 원인이 되기도 합니다. 하지만 긴 리드줄 사용에 미숙하다면 착용하지 않은 것과 같습니다. 처음 1m에서 1.5m 정도의 적당한 줄을 이용하고, 사용에 익숙해져 반려견 통제가 가능하다면 리드줄의 길이를 조금씩 늘려가는 것이 좋습니다.

최근 새롭게 개정된 법령에는 2m 이내의 길이로 제한한다고 되어 있습니다. 물림 사고가 증가하면서 목줄 길이에 제한을 둔 것입니다. 하지만 개인적인 의견으로는 리드줄 길이의 제한보다는 보호자에 대한 교육이 더 우선시 되어야 하고 무엇보다 중요하다고 생각합니다.

4. 머즐(입마개)

공격적이거나 물 위험이 있는 개에게 필요한 필수용품 중 하나이며, 대형견 또는 맹견의 경우 공공장소에서 산책 시 입마개를 착용해야 하는 경우도 있습니다. 그 외 병원 치료 중인 경우, 아무거나 주워 먹는 경우, 비만이거나 기타 질병으로 인해 단식이 필요한 경우에도 사용됩니다.

위급 시 또는 급하게 입마개가 필요한데 준비되어 있지 않다면 끈이나 손수건, 헝겊 등을 이용하여 임시로 묶어 사용할 수도 있습니다(모든 반려견에게 입마개 교육은 필수 사항입니다). 제품을 고를 때는 반려견의 호흡 또는 체온 조절을 하거나 물을 마시는데 지장이 없는 범위에서 사람에 대한 공격을 효과적으로 차단할 수 있는 크기의 입마개를 구매하는 것이 좋습니다.

*입마개 관련 법률

제1조의 3(맹견의 범위)

법 제2조 제3호의 2에 따른 맹견(猛犬)은 다음 각호와 같다.
〈개정 2020. 8. 21.〉

  1) 도사견과 그 잡종의 개

  2) 아메리칸 핏불테리어와 그 잡종의 개

3) 아메리칸 스태퍼드셔 테리어와 그 잡종의 개

4) 스태퍼드셔 불테리어와 그 잡종의 개

5) 로트와일러와 그 잡종의 개

제12조의 2(맹견의 관리)

① 맹견의 소유자 등은 법 제13조의2 제1항 제2호에 따라 월령이 3개월 이상 인 맹견을 동반하고 외출할 때에는 다음 각호의 사항을 준수하여야 한다.

　　1) 제12조 제1항에도 불구하고 맹견에게는 목줄만 할 것

　　2) 맹견이 호흡 또는 체온조절을 하거나 물을 마시는데 지장이 없는 범위 에서 사람에 대한 공격을 효과적으로 차단할 수 있는 크기의 입마개를 할 것

② 맹견의 소유자 등은 제1항 제1호 및 제2호에도 불구하고 다음 각호의 기준 을 충족하는 이동장치를 사용하여 맹견을 이동시킬 때에는 맹견에게 목줄 및 입마개를 하지 않을 수 있다.

　　1) 맹견이 이동장치에서 탈출할 수 없도록 잠금장치를 갖출 것

　　2) 이동장치의 입구, 잠금장치 및 외벽은 충격 등에 의해 쉽게 파손되지 않 는 견고한 재질일 것 〈본조신설 2019. 3. 21.〉

5. 식기류

사료 또는 반려견의 주식(밥)을 담을 수 있는 그릇과 물을 담을 수 있는 그릇을 준비해야 합니다. 밥그릇과 물그릇이 붙어있을 경우 물이 밥그릇에 넘어가 자칫 변질할 수 있어 서로 따로 분리해 준비하는 것을 추천합니다.

반려견의 크기를 고려해 식기의 크기나 높이를 결정해야 하며 바닥에 놓았을 때 잘 미끄러지지 않는 제품을 이용하는 게 좋습니다. 집에서 잘 사용하지 않는 그릇이나 용기가 있으면 대신 사용하는 것도 비용을 절약하는 하나의 방법입니다.

제품을 고를 때는 너무 가볍거나 잘 미끄러지지 않는 제품이 좋습니다. 도자기나 스테인리스 제품의 선호도가 높으며, 플라스틱이나 나무 재질은 강아지 밥이 변질할 위험이 있어 피하는 것이 좋습니다.

6. 사료 보관통

사료는 식료품이라는 특성상 변질 위험이 있어 보관에 각별한 주의가 필요합니다. 사료를 아무렇게나 아무 장소에 보관할 경우 사료의 품질

저하는 물론 산화와 부패의 원인이 될 수 있습니다.

사료는 직사광선을 피하고 서늘하며 건조한 곳에 보관해야 합니다. 간혹 개봉한 사료를 냉장고에 보관하는 경우도 있는데, 너무 오래 놔두는 게 아니라면 무방할 듯합니다. 다만 산화와 부패 및 벌레의 발생을 막으려면 밀폐된 용기에 보관하는 것이 좋습니다.

7. 인식표와 이중문(안전문)

반려동물을 키운다면 인식표와 이중문은 필수입니다. 한 해 국내에서만 14만여 마리에 달하는 유기동물(유실동물 포함)이 발생하고 있습니다. 그 중 단연 압도적으로 반려견이 대부분을 차지하고 있습니다. 하루에도 수십 수백 건에 달하는 유기견 입양 글과 강아지 실종에 대한 글이 매일같이 올라오고 있는 현실입니다. 실종 및 잃어버린 강아지를 찾는 글의 내용을 자세히 살펴보면 강아지가 문이 열렸을 때 또는 문을 열고 탈출한 경우가 대부분입니다. 집에 이중문만 설치되어 있었더라면, 반려동물을 잃어버리는 일이 발생하지 않았을 텐데 안타까울 따름입니다.

이중문만큼이나 필수인 것은 인식표입니다. 만약 집 밖으로 나가 실종

되었더라도 인식표를 착용하고 있었다면 어땠을까요? 누가 나쁜 마음으로 데리고 가지 않는 이상 다시 보호자와 만날 수 있을 것입니다.

만약 우리 집에 이중문이 설치되어 있지 않다면 지금 바로 안전문을 설치해주세요. 또 지금 내 반려견을 바라봤는데 인식표가 없다면 지금 바로 인식표를 걸어주세요. 특히 인식표는 밖에 나갈 때 채우는 것이 아닌 매우 특별한 경우를 제외하고 24시간 걸려있어야 정상입니다.

반려견 미용과 그루밍(몸치장) 관련 용품들이 필요합니다. 털을 잘라주기 위한 클리퍼와 가위, 털을 정돈하고 관리해주기 위한 브러시, 발톱을 깎아주기 위한 반려견 전용 발톱 깎기, 목욕을 시켜주기 위한 반려견 전용 샴푸·치약·칫솔, 귀의 손질을 위한 이어파우더(강아지 귀 속털을 쉽게 제거하도록 돕는 도구)·이어클리닝(강아지 귀지를 제거해주는 세정제)·겸자(강아지 귀의 털을 뽑거나 다듬기 위한 도구) 등이 있습니다.

또한 배변 훈련을 위해서는 배변판 및 배변패드가 필요하며, 실외 배변 시 청소도구로 주걱과 비닐이 있어야 합니다. 그 외에도 장난감과 훈련 용품, 그리고 비상 상황에 응급처치용으로 사용할 구급 약품과 보관함을 갖추고 있는 것이 좋습니다.

특히 장난감 콩이나 노즈워크 관련 제품들은 안에 먹이나 간식 등 음식물을 넣을 수 있어 일반 장난감보다 강아지들이 재미있어하고, 집중력을 높여줍니다. 장난감 속에 맛있는 간식을 넣어주면 강아지들은 그 안에 든 간식을 찾아 냄새를 맡으며 후각 활동을 하고, 그 안에 든 간식을 하나하나 빼먹는 재미에 푹 빠집니다. 이런 노즈워크 활동을 통해 잘못된 행동과 분리불안 등의 정서장애에도 많은 도움이 되기도 하며 다양한 장난감들은 반려견의 치아 발달을 도울 수도 있습니다.

바닥 매트도 꼭 필요합니다. 우리가 살고 있는 집 안의 바닥은 개들이 걸어 다니거나 뛰기에 너무 미끄럽습니다. 반려견들의 관절 및 다리 건강을 위해서도 강아지들이 자주 다니는 곳에 꼭 매트를 깔아주세요.

앞에 나열한 용품 외에도 필요한 용품들이 더 있을 수 있습니다. 반려견을 키우기 전에 의욕만 앞서서는 거금을 들여 비싼 용품들을 구매하는 경우가 많은데, 그 전에 꼭 필요한 물건이 무엇인지 다시 한번 생각하고 결정하시기 바랍니다.

경제적으로 어려운 분들이라면 무조건 구매하기보다는 주위에서 대체할 수 있는 물품은 없는지 생각해보기 바랍니다. 개집이나 밥그릇, 물그릇 등 주위에서 대체할 수 있는 용품들이 얼마든지 있습니다. 손재주가 있는 분들이라면 장난감이나 훈련 용품 등을 직접 만들 수도 있습니다. 특히 직접 제작한다면 반려견에게도 더 의미 있는 선물이 되지 않을까요?

🐾 강아지 용품 이것만큼은 꼭 확인하세요!

1. 강아지가 편히 쉴 수 있는 개집을 마련했나요?	(예 / 아니요)
2. 강아지가 안정감을 느낄 수 있는 울타리를 마련했나요?	(예 / 아니요)
3. 강아지의 용변을 책임질 화장실을 마련했나요?	(예 / 아니요)
4. 강아지 외출을 위한 목걸이와 목줄을 마련했나요?	(예 / 아니요)
5. 외출이나 미용, 동물병원 방문 시 필요한 입마개를 마련했나요?	(예 / 아니요)
6. 강아지가 먹는 주식(사료, 화식, 생식 등)을 마련했나요?	(예 / 아니요)
7. 장기 보관을 위한 사료 보관통을 마련했나요?	(예 / 아니요)
8. 사료와 물을 담을 강아지만의 식기류는 마련했나요?	(예 / 아니요)
9. 강아지를 예쁘게 꾸며 줄 미용 도구(반려견 전용 빗, 발톱 깎기, 샴푸 등)는 마련했나요?	(예 / 아니요)
10. 강아지와 함께 놀 장난감은 마련했나요?	(예 / 아니요)
11. 이중문은 설치되어 있나요?	(예 / 아니요)
12. 인식표는 마련했나요?	(예 / 아니요)

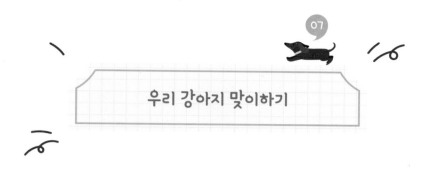

07

우리 강아지 맞이하기

반려견을 처음 집으로 데려오는 날이라면, 오전 중에 개를 데려올 것을 추천하고 그다음 날은 휴일이면 좋습니다.

입양 후 1~2주 정도는 반려견에게도 적응 기간이 필요합니다. 많은 분들이 강아지 입양 첫날 냄새가 난다거나 더럽다는 이유로 목욕을 시키거나 미용을 해주는 경우가 있습니다. 아무리 건강한 강아지라 하더라도 새로운 환경에 스트레스를 받아 건강상에 이상이 발생할 수도 있습니다. 목욕이나 미용은 반려견이 새로운 환경에 대한 적응을 끝낸 뒤에 해주셔도 됩니다.

먹는 것에도 주의를 기울이셔야 합니다. 갑작스럽게 사료를 바꾼다면 소화기에 이상이 생길 수도 있습니다. 입양 전에 먹었던 사료를 그대로 먹이고 기존 사료와 새로 변경할 사료를 아주 조금씩 섞어가며 적응해 나가는 게 좋습니다.

대부분의 사람들이 반려견을 입양해서 집에 데리고 온 첫날 가장 많이 하는 고민과 어려움 중 하나가 새로운 환경에 적응하지 못하고 밤새 낑낑대고 우는 것을 꼽습니다. 반려견의 입장에서는 어미와 형제들과 떨어져 혼자 새로운 환경에 놓여 낯설고 불안해하는 것은 매우 당연합니다.

따라서 반려견을 집에 데리고 올 때는 오전 중에 데리고 와서 집안과 새로운 환경에 적응할 수 있는 시간을 주는 것이 필요합니다. 집에 오면 반려견이 집 안 구석구석을 관찰할 수 있게 해주세요. 새로운 환경의 냄새를 맡으며 정보도 얻고 위험하거나 무서운 곳이 아니라는 것을 알려주기 위함입니다.

반려견이 낑낑대거나 보채는 경우에는 반려견을 지나치게 달래주거나 보듬어 주기보다는 스스로 새로운 환경에 적응하도록 도와주는 것이 더 좋습니다. 반려견이 안쓰럽고 불쌍해서 매번 안정시키려고 한다면 새로운 환경에 적응하지 못하고 보호자에게만 기대며 의지하려고 할 것입니다. 가능한 첫날에는 반려견 행동 하나하나에 일일이 관여하지 말고 혼자 새로운 환경에 잘 적응할 수 있도록 도와주세요.

첫날 강아지는 혼자서 여기저기 돌아다니며 낑낑대기도 하고 또 냄새를 맡기도 할 것입니다. 그러다 원하는 장소에 배변을 보기도 합니다. 큰 문제가 없는 장소라면 그곳을 배변 장소로 지정하는 것도 배변 훈련에 도움이 됩니다.

또한 반려견이 지치거나 안정을 찾게 되어 어느 한 곳, 마음에 드는 곳에서 잠이 들었다면 큰 무리가 없는 한 그곳에 잠자리를 마련해 주세요(단, 사람들이 자주 왔다 갔다 하거나 시끄러운 곳, 예를 들어 현관문이나 방문 근처는 반려견 집이나 배변 장소로 피하는 것이 좋습니다).

만약 이렇게 해주었는데도 밤새 낑낑대고 잠을 자지 못한다면 조그만 탁상용 시계를 수건에 싸서 개집 안에 함께 넣어주세요. 시계의 똑딱똑딱 소리는 어미의 심장 소리를 대신하여 어린 강아지에게 안정을 줄 수 있습니다.

이전에 살던 개집 안에 있던 물건이나 깔판, 이불이 있다면 함께 가지고 오는 것도 좋습니다. 그것들을 새로운 환경에 넣어준다면 평소 함께했던 어미와 형제, 그리고 자신의 냄새가 배어있어 반려견을 안정시키는 데 큰 도움을 줄 수 있을 것입니다.

 Tip 강아지가 낑낑 소리를 낸다면 이렇게 해보세요

강아지가 낑낑대는 가장 큰 이유는 울타리 같은 공간에 혼자 가두어져 있기 때문입니다. 만약 강아지가 밤새 낑낑대는 것을 멈추지 않아 잠을 이룰 수 없다면, 울타리 문을 열어주세요. 낑낑대고 보채는 행동을 멈출 것입니다.

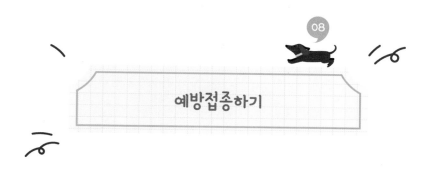

08

예방접종하기

동물병원은 입양 첫날 방문하시는 것을 추천합니다. 동물병원에 가기 전, 입양 이전 반려견에 대한 병원 진료 기록 및 건강기록부나 예방접종 증명서가 있다면 꼭 지참하길 바랍니다.

만약 입양할 때 강아지에 대한 병원 진료 기록에 대해 받지 못했다면 요구해 받아두어야 합니다. 최근에는 반려견을 입양한 업체에서 동물병원과 연계하여 소개해 주는 곳이 많습니다. 하지만 이렇게 분양업체와 연관된 동물병원의 경우에는 진료의 독립성에 영향을 미칠 수 있으며 보통 집과 거리가 먼 곳이 많기 때문에 집과 가까운 근처 동물병원을 선택하는 게 좋습니다.

간단한 진료 및 예방접종을 위한 목적이라면 집과 가까운 근처에 있는 동물병원을 선정하는 게 좋습니다. 매번 다른 병원을 이용하는 것보다 단골 병원을 만들어 두면 반려견을 키우는 데 있어 특히 건강과 관련된 부분에 대해 많은 도움을 받을 수 있습니다.

처음 동물병원 내원 후 커다란 이상 징후가 없다면 간단한 검진 및 기생충 검사 정도를 받게 됩니다. 예방접종은 반려견이 새로운 환경에 어느 정도 적응한 이후에 동물병원 안내에 따라 진행하시면 됩니다.

🐾 강아지 연령별 예방접종 리스트

1차 (6~8주)	-DHPPL(개홍역, 개 전염성간염, 파보바이러스, 파라인플루엔자, 렙토스피라증를 예방하는 종합 백신) -코로나 장염(구토, 설사)
2차	-DHPPL(개홍역, 개 전염성간염, 파보바이러스, 파라인플루엔자, 렙토스피라증를 예방하는 종합 백신) -코로나 장염(구토, 설사)
3차	-DHPPL(개홍역, 개 전염성간염, 파보바이러스, 파라인플루엔자, 렙토스피라증를 예방하는 종합 백신) -켄넬코프(전염성 기관지염)

4차	-DHPPL(개홍역, 개 전염성간염, 파보바이러스, 파라인플루엔자, 렙토스피라증을 예방하는 종합 백신) -켄넬코프(전염성 기관지염)
5차	-DHPPL(개홍역, 개 전염성간염, 파보바이러스, 파라인플루엔자, 렙토스피라증을 예방하는 종합 백신) -광견병
매년	-DHPPL, 코로나, 켄넬코프, 광견병 등 5~7세부터 신장, 간, 혈당 등의 이상무 검사

첫 접종은 생후 6~8주에 시작하며 회차 간격은 2주입니다. 동물병원마다 접종 일정에 약간의 차이가 있을 수 있습니다. 종합 백신은 5차(3차 이후 항체검사 후 진행)까지 있으며, 예방접종 후 매년 접종 시기가 다가오면 접종 전 항체검사를 통해 항체가 생기지 않은 꼭 필요한 백신만 접종하면 됩니다. 심장사상충은 매월 1회 실시하며 내외부 기생충 구충은 수의사의 상담 후 진행하시면 됩니다.

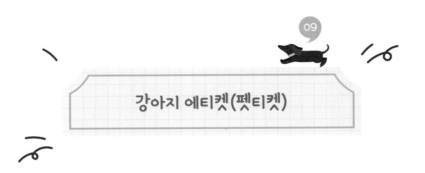

09

강아지 에티켓 (펫티켓)

'펫티켓'은 반려동물(Pet)과 예의 · 예절(Etiquette)의 합성어로, 공공장소에서 반려동물을 데리고 왔을 때 지켜야 할 예의를 말합니다. 하지만 펫티켓은 반려인만이 지켜야 하는 것보다는 비반려인도 함께 노력하고 서로 간의 배려가 있어야 가능하다고 생각합니다.

반려인들은 공공장소에서 펫티켓을 잘 지켜서 타인에게 피해가 가지 않도록 항상 노력하고, 비반려인은 반려동물도 다른 누군가의 가족이라는 생각으로 존중한다면 서로 간의 문제가 발생하는 일은 없을 것입니다.

공공장소에서는 반려견과 함께 있을 때 지켜야 할 예의가 있습니다. 목줄과 인식표 착용, 입마개 착용, 배변 치우기 등 서로를 배려하는 것들이 이에 해당합니다.

🐾 다른 사람을 배려해주세요

1. 목줄과 인식표 착용하기

외출 및 산책 시 인식표와 목줄을 착용해주세요. 이는 혹시라도 반려견을 잃어버리는 불상사가 발생했을 때를 대비하기 위함입니다. 지금도 우리 주위에서는 많은 강아지가 집과 보호자를 잃어 위험한 길거리를 헤매고 다니거나 유기동물 보호소에 갇혀 보호자를 기다리고 있습니다. 잃어버리지 않도록 목줄이나 하네스를 꼭 착용하시고, 혹시라도 줄이 풀려 잃어버리더라도 바로 찾을 수 있도록 강아지에게 인식표를 달아주세요.

2. 사람이 많은 곳에서는 줄을 짧게 잡기

엘리베이터 또는 좁은 통로에서는 다른 사람들의 통행에 방해가 되지 않도록 줄을 짧게 잡는 배려가 필요합니다. 특히 엘리베이터 안에서는 강아지를 안고 타거나, 구석에 위치한 곳에서 보호자 뒤에 반려견이 앉아있게 해주세요. 나에게는 한없이 예쁘고 사랑스러운 반려견일지는 몰라도 다른 누군가에게는 사나운 맹수처럼 보일 수 있습니다.

3. 반려견이 사납거나 맹견이라면 입마개 필수 착용하기

3개월 이상인 맹견을 동반하고 외출할 때에는 사람에 대한 공격을 효과적으로 차단할 수 있는 입마개를 반드시 착용해야 합니다. 맹견이 아니더라도 다른 사람에게 위협을 가할 수 있거나 사나운 개들은 사고 예방 및 안전을 위해서 꼭 입마개를 착용해주세요.

4. 개똥 치우기(배변 처리하기)

외출 또는 산책 시 배변을 처리할 수 있는 배변 봉투를 꼭 지참해 주세요. 지금은 인식이 좋아져 많이 개선되고 있다고는 하지만 아직도 주위에 배설물들이 목격되고 있습니다. 배설물은 미관상 좋지 못할뿐더러 다른 강아지의 배설물이나 다른 동물의 배설물로 인해 많은 질병이 전염되기도 합니다. 비반려인을 비롯해 반려인 모두에게 피해를 주지 않기 위해서 자신의 반려견이 싸 놓은 배설물은 반려인 스스로 솔선수범하여 치우는 습관을 들이도록 합시다.

5. 반려견에게 기본교육 가르치기

"앉아", "기다려", "이리와" 등의 기본교육은 반려견을 키우면서 꼭 가르처야 하는 반려견 기본예절 중 하나입니다. 반려견과 함께 외출이나 산책을 할 때는 어떤 일이 발생할지 예측하기 힘듭니다. 강아지를 싫어하거나 무서워하는 사람이 옆에 지나가면 얌전히 앉도록 해야 할 수도 있으며, 갑작스럽게 줄이 풀려 반려견이 달아나는 경우도 많이 발생합니다. 타인의 안전과 내 반려견의 안전을 위해서 꼭 기본교육을 가르쳐주어야 합니다.

🐾 다른 강아지를 배려해주세요

1. 다른 강아지와 거리를 두고 걷기

겁이 많아 경계심이 높은 반려견들은 다른 강아지나 사람들이 옆에 오는 것만으로도 예민하게 행동할 수 있습니다. 심할 경우 불안에 의해 상대방을 공격할 수도 있습니다. 타인의 반려견을 존중함과 동시에 본인의 안전과 내 반려견의 안전을 위해서라도 거리를 두고 걷는 것이 중요합니다. 먼 거리에서 반려견이 안정을 찾으면 조금씩 거리를 좁혀주고 서로 합의하에만 가까이 가서 인사를 합니다.

2. 다른 사람의 반려견을 함부로 만지지 않기

반려견의 입장에서는 보호자가 아닌 잘 모르는 타인이 자신을 함부로 만지는 것을 극도로 싫어하는 반려견들이 많습니다. 사람으로 비유하자면 마치 성추행을 당하는 기분처럼 매우 불쾌하게 느껴질 수도 있습니다. 그래서 내 반려견도 다른 사람이 만지는 것을 쉽게 허락해서는 안 됩니다. 다른 사람의 반려견을 만질 때도 반드시 보호자의 허락을 받고 반려견이 다른 사람을 받아들일 수 있을 때만 허락됩니다.

3. 소리 지르거나 뛰지 않기

강아지들은 갑작스러운 돌발 상황이나 큰 소리, 또는 빠르게 움직이는 물체에 상당히 민감하게 반응합니다. 특히 어린 아이들은 갑자기 어떤 행동을 할지 예측하기 힘듭니다. 강아지를 보고 호기심에 달려오는 경우도 있는데 갑작스러운 상황에 강아지가 놀라 아이를 공격하는 사례도 많이 발생하고 있습니다. 반려견 보호자 분께서는 산책할 때 아이들과 거리를 두는 연습을 하고, 아이 보호자 분들 역시 아이가 강아지 근처에 함부로 다가가지 못하도록 교육해 주셔야 합니다.

국내 인기 반려견

 국내 반려견 인기 순위(표)

국내 반려견 인기 순위			
순위	견종	마리	퍼센트
1	몰티즈	274	21.09%
2	푸들	261	20.09%
3	믹스견(혼혈종)	173	13.32%
4	포메라니안	106	8.16%
5	요크셔테리어	60	4.62%
6	시츄	59	4.54%
7	치와와	42	3.23%
8	스피츠	32	2.46%
9	닥스훈트	26	2.00%
10	진돗개	21	1.62%

11	미니어처 슈나우저	20	1.54%
12	비숑 프리제	19	1.46%
13	미니핀	17	1.31%
14	보더콜리	15	1.15%
15	래브라도 레트리버	15	1.15%
16	골든 레트리버	13	1.00%
17	아메리칸 코커 스패니얼	12	0.92%
18	보스턴 테리어	11	0.85%
19	페키니즈	8	0.62%
20	퍼그	8	0.62%
21	프렌치 불독	8	0.62%
22	웰시코기	8	0.62%
23	이탈리안 그레이하운드	6	0.46%
24	비글	5	0.38%
25	셔틀랜드 쉽독	5	0.38%

위의 인기 순위표는 카페 회원 1,000명을 대상으로 한 통계자료(반려견 총 1,299마리)로 조사 기관, 단체마다 차이가 발생할 수 있습니다. 그러나 공통으로 국내에서 가장 많이 키우고 있는 견종 중 상위에 있는 강아지들을 살펴보면 대부분이 크기가 작거나 털이 잘 빠지지 않는 견종들이 많았습니다.

그 이유는 우리나라의 거주 형태에서 찾아볼 수 있습니다. 전원주택이나 단독주택보다는 다가구, 다세대의 아파트나 빌라에 거주할 경우 대형견보다 소형견을 그리고 털이 잘 빠지지 않는 견종을 선호했습니다.

주목할 만한 내용은 조사 대상이 시골에서 집을 지키기 위한 목적으로 개를 묶어 키우는 사람들이 아닌, 함께 생활하는 반려견을 키우는 사람들을 대상으로 조사한 데이터임에도 상위 견종 중에 믹스견(혼혈종)이 예상보다 높은 순위에 있었다는 점이었습니다.

믹스견의 순위가 높은 이유로는 크게 두 가지로 예상됩니다. 첫 번째 이유는 과거 순종견은 좋은 개이며, 유기견이나 믹스견은 나쁜 개라는 인식이 있었으나 지금은 다 같은 개라는 인식의 변화가 생겼기 때문입니다.

두 번째 이유로는 최근 이종교배종의 인기가 높아졌기 때문입니다. 이종교배종이란 서로 다른 순종의 견종의 부모들로부터 태어난 개를 말합니다. 대표적인 이종교배종으로는 몰티푸(몰티즈+푸들), 폼스키(포메라니안+시베리언 허스키), 코카푸(코커 스패니얼+푸들), 골든두들(골든 레트리버+푸들), 폼피츠(포메라니안+스피츠) 등이 있습니다.

다음은 우리 주변에서 많이 기르고 있는 만큼 쉽게 찾아볼 수 있는 견종을 소개한 것으로 인기 순위와 상관없으며, 견종에 관한 정보는 단체(KC, AKC, FCI)마다 조금씩 다릅니다.

1. 몰티즈(Maltese)

원산지	이탈리아, 몰타 섬
체고	20~26cm
몸무게	2~3kg
외모	비단실같이 길고 곧은 털이 특징입니다. 털의 색상은 흰색(순백색)입니다. 코의 색은 커가면서 점점 까매지며 꼬리는 등 쪽으로 말려있습니다.
운동량	★★★
훈련성	★★★
권장사항	아파트, 실내

어렸을 때는 흰 털이 몽실몽실하여 귀여움을 많이 받으며, 커서는 비단 같은 털의 아름다움에 반할 수밖에 없는 견종입니다. 긴 털로 인해 털 빠짐에 대해 고민하는 사람들도 있으나 속털이 없어 털갈이 같은 걱정은 덜한 편입니다.

단, 순백색의 비단같이 아름다운 털을 유지하기 위해서는 관리에 많은 시간을 쏟아야 하는 단점이 있습니다. 성격은 활달하며 질투가 심한 편이지만 사람들과 친밀하게 지낼 수 있습니다.

많은 작은 견종들처럼 몰티즈도 사납게 짖어대는 개들이 있을 수 있습니다. 운동이 부족하면 신경질적이 되어 심하게 짖을 수 있으니 적당한 운동을 시켜 줄 필요가 있습니다.

2. 요크셔테리어(Yokshir Terrier)

원산지	영국
체고	21~23cm
몸무게	3~3.5kg
외모	비단실처럼 반짝이는 긴 털이 특징입니다. 털의 색상은 암청회색 (Steel Blue)이며, 가슴부위 털 색상은 황갈색, 머리부위는 황금색을 이룹니다. 검고 큰 눈으로 사랑을 많이 받고 있습니다.
운동량	★★★
훈련성	★★★★
권장사항	아파트, 실내

작은 견종 중에서도 작은 편에 속하며 비단실처럼 반짝이는 긴 털로 많은 사랑을 받고 있습니다. 훈련성이 좋아 한 번 가르쳐준 것은 잘 잊지 않으며, 잘 짖기 때문에 집 지키는 능력도 우수합니다.

성격은 매우 활발하며 겁이 없는 것이 특징입니다. 항상 생기가 넘치며 자립심이 강합니다. 가르치는 것을 잘 따라 하고 애교가 많지만 사납게 짖는 개들도 있으며 고집이 센 편입니다.

그래서 개에게 많은 것을 허용해서는 안 됩니다. 언제 버릇없는 개로 변해 버릴지 모르기 때문입니다. 적정 한도를 정하고 그 선을 넘지 않는 한에서 개의 행동을 허용해야 하며 함부로 짖지 않도록 평소에 잘 교육해야 합니다. 또 마당에 구멍을 파는 녀석들도 종종 있습니다. 털 빠짐은 보통이지만 관리에 많은 신경을 써야 합니다.

3. 시츄(Shih Tzu)

원산지	중국, 티베트
체고	22~27cm
몸무게	4.5~8kg
외모	속털은 부드러우며 겉털은 촘촘하고 길게 자라는 이중모로 푹신하여 인형 같은 외모로 많은 사랑을 받습니다. 사자 같은 털 때문에 사자견이라고도 불리며, 시츄라는 이름도 사자견을 뜻합니다. 털 색은 다양하고, 꼬리는 등 위로 말려있는 모습입니다.
운동량	★★★
훈련성	★
권장사항	아파트, 실내

중국의 왕실에서 귀하게 자랐으며, 신의 사자로 신성시되기도 하였습니다. 특히 명나라 황제에게 총애를 받던 개로 유명합니다. 1930년경 유럽에 소개되어 많은 사랑을 받았고, 처음에는 라사압소(티베트의 성도 라싸에서 신성시하여 길러진 개의 한 종류)와 같은 견종으로 분류되었으나 추후 독립된 견종으로 인정받았습니다.

사교적이고 친화력이 좋아 사람들과도 쉽게 친해지는 반면, 집 지키기에는 다소 부적절합니다. 부드럽고 빠른 동작과 귀여운 몸짓으로 많은 사랑을 받으며, 어린이가 있는 집에서도 기르기 좋습니다. 놀기를 좋아하고 특히 소리 나는 장난감을 좋아합니다.

털은 자주 관리해주어야 하며 특히 얼굴을 가리는 긴 털들은 짧게 잘라주거나 고무줄로 묶어줄 것을 추천합니다. 코를 골며 자는 것도 이 개의 귀여운 특징 중 하나입니다.

4. 포메라니안(Pomeranian)

원산지	독일
체고	28cm 이하
몸무게	1.8~3.2kg
외모	스피츠 계 견종들과 매우 흡사합니다. 실제 포메라니안의 가계도를 거슬러 올라가면 사모예드와 같은 스피츠 계 견종들에 이어져 있음을 알 수 있습니다. 털은 이중으로 속털은 짧고 굵으며 겉털은 몸 전체를 긴 털이 감싸고 있습니다. 털의 색상은 붉은색·주황색·검은색·갈색·고동색·흰색·파티컬러(무늬가 있는 2가지 색 이상) 등으로 다양하며, 꼬리는 등에 올라붙어 있습니다.
운동량	★★★
훈련성	★★★★
권장사항	아파트, 실내

작고 우아하며 도시생활에 어울리는 개라는 말을 많이 듣습니다. 하지만 우아한 털을 계속 유지하려면 매일 브러싱을 해주어야 합니다. 독일에서는 큰 인기를 누리지 못했지만 영국으로 넘어가 빅토리아 여왕에게 큰 사랑을 받으면서 많은 사람들에게 알려지게 되었습니다.

성격은 밝고 명랑하며 호기심이 많아 무엇이든 흥미 있어 합니다. 놀기를 좋아하고, 말을 잘 알아듣는 영리한 강아지이지만 잘 짖기로 유명합니다. 겉모습만큼이나 성격도 스피츠 계 견종과 많이 닮아 있어 대담하며 혈기왕성합니다.

5. 치와와(Chihuahua)

원산지	멕시코
체고	16~22cm
몸무게	1~3kg
외모	동그란 얼굴, 둥근 눈동자로 많은 귀여움을 받는 강아지입니다. 털이 짧은 단모종(스무드코트)과 털이 긴 장모종(롱코트)의 두 가지가 있습니다. 털 색상은 연한 황갈색 · 청색 · 초콜릿색 · 검은색 등 다양합니다.
운동량	★
훈련성	★
권장사항	아파트, 실내

세계에서 가장 작은 개라는 타이틀을 가지고 있습니다. 요즘은 그 타이틀을 요크셔테리어에게 빼앗겼지만, 평균적으로 세계에서 제일 작은 견종에 속합니다.

매우 빠르게 움직이는 것이 특징이며, 작은 체구에 비해 용감하고 대담한 성격을 지니고 있습니다. 낯선 사람을 보면 발뒤꿈치를 향해 달려들고 잘 짖기 때문에 의외로 집 지키기에도 뛰어난 능력을 가지고 있습니다.

자신보다 몸집이 큰 견종에게도 지지 않으려고 하는 대담함도 엿볼 수 있습니다. 질투심이 강해 주인을 독점하려는 성향이 강하면서도 자립심이 강해 개에게 많은 시간을 쏟지 않아도 됩니다.

6. 비글(Beagle)

원산지	영국
체고	33~39cm
몸무게	10~16kg
외모	행복하고 장난기 넘쳐 보이는 비글은 축 늘어진 귀와 치켜뜨고 바라보는 눈이 인상적입니다. 털은 짧고 뻣뻣하며 매끈합니다. 색상은 흰색 · 검은색 · 갈색 등 다양합니다.
운동량	★★★★
훈련성	★
권장사항	전원주택, 실외

'비글' 하면 가장 먼저 생각나는 것이 '정신없는 강아지'와 만화 '스누피'일 것입니다. 비글은 스누피의 모델이 된 견종입니다. 표정이 행복해 보이며 즐거워하는 모습을 하고 있지만 건강하고 성장이 빠르다는 이유로 의학실험용으로 많이 사용되는 불행한 견종이기도 합니다.

과거 사냥감을 추격하는 후각형 하운드로 개량되어 지금도 연방 코를 땅에 대고 냄새를 맡고 다니는 버릇이 남아 있습니다. 튼튼하며 정신없이 돌아다니는 활동성과 많이 짖기로 유명합니다. 그렇기 때문에 어려서부터 확실한 교육이 필요하나 훈련 시키기 약간 어렵습니다.

먹성 좋은 녀석들이 많기 때문에 비만에 주의해야 하며, 털은 짧고 빠짐이 심하지는 않지만, 귀가 넓고 길어 관리에 주의하셔야 합니다.

7. 닥스훈트(Dachshund)

원산지	독일
체고	13~25cm
몸무게	3~11kg
외모	닥스훈트는 긴 허리와 짧은 다리로 소시지라는 별명이 있습니다. 크기에 따라서 스탠더드와 미니어처로 나뉘고, 털이 짧은 단모종과 긴 장모종이 있으며 여기에 털이 뻣뻣한 와이어헤어드(↔털이 부드러우면 스무드헤어드)까지 총 3가지 타입이 있습니다. 털의 색상은 붉은색 · 진한 적갈색, 검은색 · 황갈색, 초콜릿색 · 황갈색 등이 있습니다.
운동량	★★★
훈련성	★★★
권장사항	아파트, 전원주택, 실외

닥스훈트는 예민한 후각을 이용하여 오소리 · 여우 · 토끼 등을 추격하는 사냥개였습니다. 굴속에 숨어 있는 사냥감들을 잡기 위해 이들은 뛰어난 후각과 긴 허리, 그리고 짧은 다리를 가지게 되었습니다.

먹성이 좋고 후각이 발달해 숨겨둔 음식도 잘 찾습니다. 따라서 닥스훈트는 특히 비만에 주의해야 하는데 몸이 길기 때문에 몸무게가 늘어날 경우 허리에 쉽게 무리가 갑니다. 명랑하고 장난기가 많아 어린이나 보호자와 놀아주지만, 고집이 세며 겁이 없습니다.

헛짖음이 심하고 무는 습성도 있어 어려서부터 올바르게 교육하는 것이 중요합니다. 또한 자신의 변을 먹는 분식증을 보이는 개도 있는 등 배변 훈련에 어려움을 겪기도 합니다.

8. 아메리칸 코커 스패니얼(American Cocker Spaniel)

원산지	미국
체고	36~38cm
몸무게	9~16kg 이하
외모	두툼하고 곱슬곱슬한 아름다운 털을 가진 것이 매력입니다. 털 색상은 검은색, 황갈색 반점, 파티컬러 등이 있습니다.
운동량	★★★★
훈련성	★★★★
권장사항	아파트, 전원주택, 실내, 실외

원종은 잉글리시 코커 스패니얼로, 영국에서 신대륙으로 건너오면서 미국화된 견종입니다. 디즈니 영화 〈멍멍 이야기〉의 주인공으로 출연하면서 많은 사랑을 받기 시작했습니다.

성격은 밝고 명랑하며 지능이 높아 한 번 기억한 것은 잘 잊어버리지 않는 것으로 유명합니다. 사람들과 잘 놀고 잘 어울려 친화력이 좋고, 낙천적인 성격을 가졌습니다. 운동량과 활동성이 커서 때로는 감당하기 힘들다는 사람들도 있습니다. 또한, 먹성이 좋아 비만에 주의해야 합니다.

9. 미니어처 슈나우저(Miniature Schnauzer)

원산지	독일
체고	30~36cm
몸무게	6~7kg
외모	긴 콧수염과 눈썹, 다리를 덮는 장식털이 이 견종의 트레이드마크입니다. 털 색상은 솔트 · 페퍼, 검은색 · 은색, 검은색입니다.
운동량	★★★★
훈련성	★★★★
권장사항	아파트. 전원주택, 실내, 실외

'슈나우저'는 독일어로 '콧수염'이라는 뜻입니다. 그만큼 긴 콧수염과 눈썹이 가장 큰 매력 포인트입니다. 성격은 명랑하며 활동적이고, 보호자한테 충실한 편이지만 다른 개들과는 쉽게 친해지기 어려우며 고집이 셉니다.

공놀이나 움직이는 물체 쫓는 것을 좋아하며 전반적으로 영리하며 아무에게나 마음을 잘 열고 튼튼해서 기르기 쉬우나 겁이 없고 사납게 짖으며 종종 물기 때문에 흥분시키지 않도록 주의해야 합니다. 어린이가 있는 집에는 추천하지 않습니다. 털이 많이 빠지지 않지만 매일 손질해줘야 하며 빗질과 트리밍도 꼭 필요합니다.

10. 토이 푸들(Toy Poodle)

원산지	프랑스
체고	20~25cm
몸무게	2~3kg
외모	정사각형의 귀족적인 외향, 곱슬곱슬한 털이 특징입니다. 털의 색상은 검은색 · 흰색 · 살구색 · 청색 · 미색 등이 있으며 단색이 인상적입니다.
운동량	★★★
훈련성	★★★★★
권장사항	아파트, 실외

푸들은 크기에 따라 토이, 미니어처, 스탠더드 3종류로 나뉘는데 크기만 다를 뿐 외모나 영리함은 모두 같아 단일 품종으로 간주합니다. 싱글코트(언더코트(속털)가 없고 오버코트(겉털)로만 이루어진 털의 한 종류)로 털갈이 걱정이 없으며, 털 빠짐도 매우 적습니다. 반면 털이 빨리 자라기 때문에 매일 털을 손질하고 관리해주어야 하는 단점이 있습니다.

영리하며 훈련성 또한 매우 높은 편이라 무엇을 가르쳐주면 금방 습득하기 때문에 가르치기 좋아하는 사람들에게 매우 적합합니다. 성격은 매우 활발하고 활동적인데, 견주에 대한 집착이 강한 개들이 있으며 이로 인해 분리불안에 대한 문제가 발생할 수 있습니다. 또한 자주 짖습니다.

스탠더드 푸들은 크기 때문에 아이들이 있는 집에서 기르는 것을 꺼려합니다. 하지만 오히려 아이들과 잘 놀아줍니다. 반면, 토이 푸들은 큰 푸들에 비해 허약해 개구쟁이 아이들과 함께 키우면 개가 다칠 위험도 있습니다. 자칫하면 흥분해서 어린이를 공격하는 일이 더 발생할 수 있습니다.

토이 푸들은 10인치 이하로 규정되어 있지만 대부분의 도그쇼에 선보이는 개들을 보면 이보다 더 작은 사이즈의 푸들을 선호하고 있습니다. 몇몇 부도덕한 사람들은 일반적인 토이 푸들보다 더 작은 사이즈의 변종 푸들을 만들기 위해 노력했고 이러한 작은 푸들을 티컵이라 불렀습니다.

티컵 푸들의 경우에는 변종이 아닌 굶기는 등의 강제적인 성장억제를 통해 만들어지는 개들이 많습니다. 이로 인해 출생 때부터 여러 문제를 갖고 태어나는 개들이 대부분이기 때문에 주의를 기울여야 합니다. 개인적으로는 토이 푸들이라고 할지라도 기존보다 조금 큰 사이즈를 권합니다.

*견종에 관한 정보는 애견단체마다 조금씩 상이합니다.

Part 2 _

강아지
Yes or No

잘못은 매로 다스려야 한다?

우리는 반려견의 잘한 행동보다는 잘못한 행동에 더 많은 관심을 갖고, 심지어 때리기까지 합니다. 하지만 이런 행동은 세상에서 제일 귀엽고 사랑스러운 강아지를 골칫거리이자 쓸모없는 개로 만드는 가장 빠른 지름길입니다.

한 가지 예를 들어봅시다. 필자가 운영하는 카페에 올라오는 상담 글을 보게 되면 배변 훈련, 짖는 문제, 아무거나 물어뜯는 문제 등 문제점에만 초점을 둔 글이 올라옵니다.

"우리 개는 배변 훈련이 잘 안 돼요. 실수하면 혼내도 보고 심지어 때려도 보았는데도 전혀 좋아지지 않아요"

"개가 너무 짖어 주위에 피해를 주고 있어요. 아무리 야단을 쳐도 도무지 듣질 않아요"

여기서 보호자의 실수는 반려견의 잘못된 행동을 처벌하는 데만 집중하고 있다는 것입니다. 사람들은 개를 훈련하면서 자기가 개에게 주는 벌이 마치 매우 효과가 있는 것처럼 착각합니다. 하지만 처벌은 어떤 문제 행동을 일정 정도 감소시킬 뿐, 습관을 사라지게 하지는 못합니다. 오히려 처벌로 인해 보호자와 반려견의 신뢰가 무너지고, 그 스트레스로 2차, 3차의 문제가 발생할 수 있습니다.

개는 대표적인 사회화 동물 중 하나입니다. 사회화 동물들은 다른 이들로부터 관심을 받길 원합니다. 관심을 주는 대상의 지위나 위치가 높다면 더욱 그러합니다. 보호자는 반려견에게 있어 가장 높은 지위와 위치에 있는 리더이며, 누구보다 자신이 믿을 수 있는 동료입니다. 그 말은 곧 반려견은 좋은 행동이든 나쁜 행동이든 보호자의 관심을 끌기 위한 행동을 더욱 많이 하게 된다는 것입니다.

따라서 처벌 대신 배변 훈련에 단 한 번이라도 성공했을 때, 반려견이 짖을 때 야단을 치는 것이 아니라 짖지 않을 때 관심을 갖고 칭찬하는 것이 문제의 해답입니다.

나쁜 행동은 정말 못 고칠까?

벗어놓은 신발을 반려견이 물고 장난치는 장면을 포착하였다면 어떻게 대처하겠습니까? 이전에 자신의 신발을 모두 못 쓰게 만들어버렸던 악몽을 떠올리며 소리를 지르고, 욕을 하고, 심지어 때리지는 않습니까? 혼나는 그 순간만큼은 무서운 마음에 잠깐 행동을 멈출 수 있겠지만, 보호자가 없을 때 같은 행동이 다시 나타난다는 것을 이미 경험을 통해 알고 있을 것입니다.

그럼 어떻게 고쳐야 할까요? '나쁜 행동'을 '좋은 행동'으로 바꿔주면 됩니다. 개가 신발을 물고 장난을 치려고 하는 순간 그 행동 자체를 하지 못하도록 개의 관심을 다른 곳으로 돌리는 것입니다. 개가 행동을 멈추게 되면 그 즉시 "앉아!" 명령을 내립니다. 그렇게 해서 개가 앉으면 과장된 칭찬과 보상을 해줍니다.

개의 나쁜 버릇을 고치는데 제일 좋은 방법은 그 원인 자체를 없애주는 것입니다. 여기서 나쁜 버릇을 유도한 원인은 신발이 되겠죠. 신발을 개가 닿을 수 없는 곳에 놓아두면, 신발을 무는 나쁜 버릇도 생기지 않고, 혼날 이유도 없어질 것입니다.

만약 어쩔 수 없이 신발을 개가 닿을 수 있는 위치에 두어야 한다면 사전에 훈련(교육)을 통해서 신발을 물어뜯는 버릇을 예방해야 합니다. 그래도 혹시 문제가 발생한다면 위에서 말한 '나쁜 행동→좋은 행동→칭찬(보상)'의 방법을 사용해 봅시다.

칭찬하는 것도 중요하지만 어떻게 하느냐가 더욱 중요합니다. 이때 꼭 염두에 두어야 할 것이 바로 '타이밍'입니다. 잘한 행동을 했을 때 그 즉시 칭찬과 보상이 뒤따라야 합니다. 칭찬을 받은 반려견은 자신이 보호자로부터 사랑을 받고 있다고 느끼고, 안심하게 됩니다. 정서적 안정이 자연스레 따라오는 것입니다. 어떤 행동을 계속하게 하려면, 반려견이 그 행동을 보였을 때 즉각적으로 칭찬을 해주세요. 그래야 그 행동이 잘한 행동이라는 사실을 인지하고 반복할 수 있습니다.

또한, 칭찬할 때는 조금 과장되게 하되 진심을 담아야 합니다. "잘했어!", "옳지!"라는 말은 물론이고, 안거나 쓰다듬는 스킨십, 간식이나 놀이 등의 보상이 있습니다. 산책 역시 반려견에게는 칭찬(보상)의 한 방법이 될 수 있습니다. 그러나 칭찬할 때 과장해서 무턱대고 큰 소리로 말하거나 갑자기 반려견을 안으려고 하는 것은 오히려 반려견을 놀라게 해 위축시킬 수 있으니 반려견의 특성에 맞게 조절하는 것이 좋습니다.

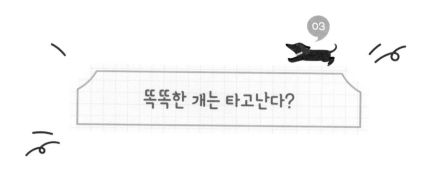

똑똑한 개는 타고난다?

사람들은 누군가에게 칭찬을 받거나 관심을 받으면 즐거워하고, 이전보다 더 잘하려고 노력합니다. 개도 마찬가지입니다. 하지만 사람들은 개가 잘하고 있을 때 또는 아무런 문제가 없을 때는 무관심합니다. 가장 기본적인 "앉아"를 훈련할 때도 잘 앉으면 당연하다는 듯 크게 칭찬해 주지 않습니다. 그저 무뚝뚝하게 "옳지, 잘했어" 정도가 전부입니다.

그럼 반대로 개가 명령에 잘 따르지 않았을 때나 잘못된 행동을 했을 때는 어떻습니까? 많은 사람들이 화를 내고 욕을 하며, 다음과 같이 고민을 토로합니다.

"우리 집 개는 잘한 일이라고는 찾아볼 수 없어요"

"하루 종일 말썽만 부려 도무지 칭찬해 줄 수가 없어요"

"만약 당신이 우리 개를 키웠다면 3일을 못 참고 버렸을 거예요"

"칭찬은 운이 좋아 똑똑한 녀석을 키우는 사람들의 배부른 소리예요"

글쎄요? 죄송하지만 똑똑한 반려견은 보호자 하기 나름입니다. 부정적인 면만 보려고 하기 때문에 당신의 개만 그렇게 멍청해 보이는 것입니다. 반려견의 행동을 평소에도 유심히 잘 살펴보세요.

반려견이 혼자 난동을 부리며 거실에서 뛰어놀고 있다가 무심코 앉았습니다. 이럴 때 보통 사람들은 그냥 넘어갑니다. 만약 이때 보호자가 잘했다고 칭찬을 해준다면 아마 이 반려견은 다음번에 보호자 앞에서 앉을 확률이 더 높아질 것입니다. 이런 행동을 몇 번만 반복하면 "앉아" 훈련을 따로 할 필요도 없이 똑똑한 개가 되는 것입니다.

또 이렇게 물어보는 분들도 있을 것입니다. "그럼 아주 사소한 일을 했을 뿐인데도 칭찬과 보상을 해줘야 하나요?" 너무나 당연하고, 꼭 그렇게 해줘야만 합니다. 사소한 일, 작은 일을 칭찬할 때 우리 반려견은 어려운 일, 대단한 일을 해낼 수 있습니다.

반려견 역시 기초부터 차근차근 가르쳐야 합니다. "짖어" 훈련을 할 때는 개가 끙끙대거나 낑낑거릴 때 또는 작은 소리라도 냈을 때 바로 칭찬해 주어야 합니다. 그렇게 사소한 일을 칭찬함으로써 차후에는 한 번을 짖게 되고, 그 다음에는 두 번, 세 번 짖게 되는 것입니다.

하지만 여러분들은 어떻습니까? 처음부터 잘 짖는 것을 기대하지 않았다고 해도 끝내 개가 짖지 않으면 우리 개는 머리가 나쁘다고 평가할 것입니다. 기다리도록 가르칠 때는 어떤가요? 처음에는 단 1초 만이라도 잘 기다리고 있다면 바로 잘했다고 칭찬하고 보상을 해줘야 합니다. 그런데 대부분의 사람들은 우리 반려견이 처음부터 오랜 시간 기다려주기를 원하고 있습니다.

물론 처음부터 잘하는 개들도 있습니다. 하지만 주위에는 그렇지 않은 개들이 더 많습니다. 칭찬의 힘은 여러분이 상상하는 것 이상으로 대단합니다. 강아지를 믿고 칭찬해보세요. 절대 칭찬은 보호자를 배신하지 않을 것입니다.

개는 대충 키우면 된다?

안내견 · 탐지견 · 프리스비(원반을 던지면 물어오는 반려견 스포츠)견 · 어질리티 (장애물을 빠른 시간 안에 통과하는 반려견 스포츠)견 · 경비견 · 경찰견의 능력을 주위 에서 많이 보고 들었을 것입니다. 그리고 사람들은 그런 똑똑한 개를 꿈꾸며 부러워합니다.

하지만 부러워하기 전에 한 가지만 알아두세요. 그 어떤 것도 하루아침에 이루어진 것은 없습니다. "앉아" 훈련 하나만 하더라도 하룻밤 사이에 이뤄지 지 않습니다. 그러나 카페에 올라오는 상담 글을 보면 많은 사람들이 편하고 빠른 훈련 방법을 문의합니다.

"너무 짖어 민원이 들어왔어요. 오늘 당장, 짖음을 멈출 수 있는 확실한 방법을 알려주세요"

"어제 강아지를 분양받았는데 아직 배변 훈련이 안 되어 있네요. 제가 회사 일로 바빠서 그러는데 배변 훈련을 빨리 끝내는 방법을 알려주세요"

사람의 말을 알아듣지 못하는 개에게 어떤 것을 가르치려면 반드시 인내심이 필요합니다. 다른 생명체와 함께 산다는 것은 매우 힘든 일입니다. 그렇기 때문에 개에 대해 공부하고 연구해서 개의 습성에 대해 꼭 알 필요가 있습니다. 전문가 수준은 아니더라도 한집에서 함께 살아갈 우리 반려견을 위해 최소한 개에 관련된 책 몇 권 정도는 읽어보며 알아보는 건 어떨까요?

'개'라는 하나의 생명체에 대해서 그들이 사람보다 낮다고 과소평가하지 말고, 서로 다른 '종'으로서 그들의 능력에 대해 존중할 줄 알아야 합니다. 개의 부족한 부분을 사람이 감싸줄 때 비로소 개와 사람은 진정한 반려자가 될 수 있습니다.

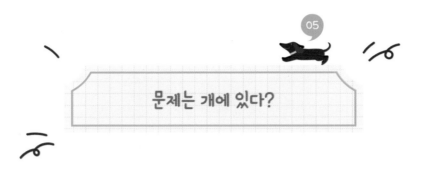

문제는 개에 있다?

자신의 반려견에 대해 불만을 토로하는 사람들을 많이 봤습니다. 그들은 반려견의 잘못에 대해 구구절절 말을 늘어놓습니다.

"우리 개는 매일 침대 위에 똥을 싸나요"

"우리 개는 주인인지 도둑인지 구별도 하지 못하고 그저 아무 때나 짖어대요"

"우리 개는 제가 집을 잠시 비우기만 하면 난장판으로 만들어버려요"

개에 대한 불만들을 나열하자면 하루를 꼬박 새워 이야기해도 모자랄 정도입니다. 그리고 그들의 불만 뒤에는 항상 "우리 옆집 개는 얌전하고 주인 말도 잘 듣고 똑똑한데 우리 개는 왜 이렇게 멍청한 건지 모르겠어요"라는 말이 덧붙습니다.

여기 놀라운 사실이 있습니다. 불만을 토로하는 사람들은 어떠한 강아지를 입양해 와도 이전에 기르던 강아지와 마찬가지로 명청한 강아지들만 입양해 온다는 사실입니다. 유기견이든, 최고의 도그쇼에서 입상한 경력의 혈통 있는 강아지든, 제대로 된 훈련과 교육을 받은 강아지든 집에 데리고 와서 보면 꼭 명청한 강아지들입니다.

그렇다면 그들은 왜 그런 강아지들만 입양하게 되는 걸까요? 이유는 바로 명청한 개들의 옆에는 항상 그들이 있다는 것입니다. 명청한 개든, 똑똑하고 영리하다고 데리고 온 개든 어떤 개를 키워도 불만이 생기는 건 마찬가지입니다. 그럼 문제는 개에 있는 것이 아니라 바로 자신에게 있는 것 아닐까요? 개를 탓하기에 앞서 자신을 돌아보고 생각을 긍정적으로 변화시켜야 똑똑한 강아지로 키워낼 수 있습니다.

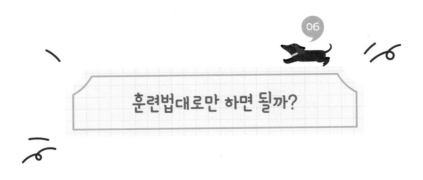

훈련법대로만 하면 될까?

강아지 훈련에 실패하는 많은 초보 반려인들을 보면, 100% 완벽한 모범답
안을 좇으려는 사람들이 많습니다. 강아지 관련 도서나 웹사이트에서 얻은 정
보를 제대로 활용하지 못하고, 몇 번 따라 해 보고서 교육이 안 되면 그냥 포
기해버립니다. 그리고는 인터넷을 통해 강아지 훈련에 대해 질문을 합니다.

"강아지를 완벽하게 훈련 시키는 방법을 가르쳐주세요"
"애견훈련법을 다 따라 해봤는데 우리 강아지가 시키는 대로 하지 못해요.
100% 완벽한 방법을 가르쳐주세요"

이렇게 질문하는 사람 중 대부분이 응용하지 않습니다. 학교에서 시험을 볼 때 암기과목을 벼락치기로 외우고 답을 써내듯, 대충 배운 방법을 그대로 몇 번을 시도해봅니다. 그리고 100% 모범답안만을 찾으러 다닙니다. 그러다 결국 실패합니다.

강아지를 훈련 시킬 때 마치 공장에서 찍어낸 장난감 로봇과 같이, 개가 똑같이 움직일 것으로 생각하는 분들이 많습니다. 하지만 강아지는 리모컨으로 조종할 수 있는 로봇이 아닙니다. A라는 사람과 B라는 사람이 있다고 가정할 때, 이 두 사람은 모두 사람이니까 똑같은 생각과 행동을 하며 똑같은 성격을 가지고 있을까요? 분명히 서로 다른 생각과 행동을 하며, 성격도 다를 것입니다. 좋아하는 것도 다르고, 싫어하는 것도 모두 다를 것입니다. 이와 마찬가지로 두 마리의 시츄가 있다고 할 때, 이 두 마리는 같은 시츄니까 똑같이 생각하고, 행동한다고 생각하면 오해입니다.

책이나 웹사이트에서 알려주는 것은 훌륭한 훈련 법임이 틀림없습니다. 하지만 10마리의 강아지를 상대로 훈련 시켰을 때 7마리의 강아지가 성공한 것이지, 10마리의 강아지가 모두 성공했다는 것은 아닙니다. 그럼에도 불구하고 훈련에 있어서 책이나 웹사이트의 방법이 그대로 지켜야만 하는 규칙으로서 정형화되어 있는 것 같습니다.

예를 들어, "'앉아'를 가르칠 때는 반드시 간식을 강아지 눈앞에서 보여주며 머리 위로 서서히 넘기면서 앉게끔 한다" 아니면 "리더줄을 손에 쥐고 살며시 위로 잡아당기며, 엉덩이를 살짝 눌러서 앉게끔 한다" 등처럼 반드시 따라야 하는 규칙처럼 인식되어있는 것입니다.

이 외에도 유명 트레이너나 핸들러에게 자문하는 경우도 있습니다. 마찬가지로 그 방법만 고집해서는 안 됩니다. 훈련이 모두 안 된 상태에서 수십 차례 그대로 따라 하며 허둥지둥하는 사이에 훈련은 훈련대로 되질 않고, 가족들과의 문제만 늘어 점점 힘들어질 수 있습니다. 조언은 어디까지나 조언일 뿐입니다. 따라서 조언자들로부터 받은 조언을 토대로 응용해 나가야 합니다.

유명 트레이너나 핸들러의 기술이 모두 같은 것은 아닙니다. 기본적인 것은 비슷할 수 있지만, 그 방법은 서로 다릅니다. 초보 훈련사 시절에 배운 것을 응용하고 여러 차례의 시행착오를 거쳐 쌓은 자신만의 경험과 노하우가 있을 것입니다.

유명 트레이너나 핸들러에게 "반려견을 교육하는 데 있어 정해진 규칙이 있습니까?"라고 질문을 해보십시오. 아마 "반려견은 각각 성격과 기질이 다르기에 규칙을 정해 교육하기보단 각 개체에 적합한 교육방법을 찾아 가르치고 있습니다"라는 답을 듣게 될 것입니다.

트레이너나 핸들러들도 모든 강아지에게 같은 방법을 강요해 가르치지 않습니다. 이렇게 세상에 존재하지도 않는 완벽한 모범답안만 쫓아 서로를 힘들게 하며 시간을 낭비하고 있지는 않나요?

▶ 카페 스태프 '푸른늑대의후예'님의 글에서 인용

 Tip　쉽고 현실적인 강아지 훈련법

1. 원하는 행동을 하면 즉시 보상(간식, 칭찬)을 하고 반복합니다.
2. 신호를 보내고 원하는 행동을 하면 즉시 보상(간식, 칭찬)을 하고 반복합니다.
3. 원하는 행동이 점차 증가합니다.

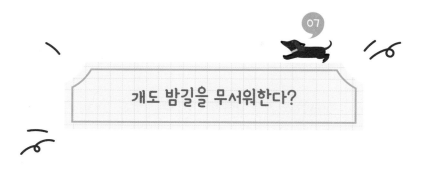

개도 밤길을 무서워한다?

언젠가 개들도 어두운 밤길을 지나갈 때 무서움을 느끼는지에 대해 질문을 받았던 기억이 납니다.

> "보통 사람들은 공포심을 느끼잖아요. 저는 캄캄한 밤에 인적이 없는 곳을 지나 갈 때 무서움을 느끼는데 개도 사람처럼 무서움과 공포를 느끼나요?"

그렇지 않습니다. 일반적으로 개는 혼자 캄캄한 밤에 인적이 없는 곳을 지날 때 특별한 상황이 아니라면 무서움을 느끼지 않습니다. 그럼 만약 보호자와 함께 캄캄한 밤길을 지나게 되면 어떨까요? 혼자 다닐 때 무서움을 느끼지 못하니 함께 갈 때도 느끼지 못할까요?

아마 함께 지낼 때는 반려견도 공포심을 느낄 수 있습니다. 왜냐하면, 반려견에게 있어 보호자는 세상에서 가장 힘이 세고, 믿을 수 있고, 신뢰할 수 있는 존재이기 때문입니다. 그런 대상이 공포를 느낀다면 반려견 역시 공포를 느낄 수밖에 없을 것입니다.

보통 시골에서는 마당에 개를 묶어 놓고 기르는 집이 많습니다. 그리고 대문도 활짝 열려 있어 누구나 쉽게 드나들 수 있지요. 동네 몇몇 개구쟁이 아이들은 마당에 묶여 있는 개를 보고 장난으로 돌을 던지기도 하고 몽둥이로 때리기도 합니다. 이때 개는 아이들이 무서워 꼬리를 내리고 벌벌 떨며 집 안으로 숨어버립니다.

하지만 그 개 옆에 주인아저씨가 있다면 어떨까요? 대부분의 개들은 이때 강하게 짖으며 아이들을 쫓아냅니다. 단지 주인아저씨가 있고 없고의 차이일 뿐이지만 개는 정반대의 행동을 보여줍니다. 옆에 세상에서 가장 강한 주인아저씨가 응원하며 서 있다는 생각에 개는 강한 자신감을 얻게 되는 것입니다. 이렇듯 반려견의 심리는 보호자의 심리상태에 따라 결정됩니다.

밤만 되면 짖는 반려견들도 있습니다. 이럴 때 중요한 것은 그 원인을 우선

파악하는 것입니다. 캄캄한 것에 대한 불안, 외부 소리에 자극에 예민함, 심심함 등이 그 원인이 될 수 있습니다. 이런 경우 각각의 원인에 맞는 처방이 필요할 것입니다.

만약 어둠에 대한 불안 때문이라면 미등을 켜 두는 방법이 있을 것이고, 외부 소리 자극에 예민해서 나타나는 반응이라면 소리가 잘 안 들리도록 해주면 됩니다. 또한, 밤에 가족들이 모두 잠이 들어서 심심하기 때문이라면 혼자서도 잘 가지고 놀 수 있는 평소 좋아하는 장난감이 도움될 수 있습니다. 무엇보다 개를 관찰하며 원인을 찾고 그 원인을 제거해주는 노력이 필요합니다.

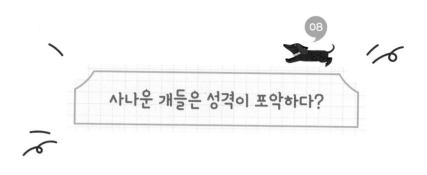

사나운 개들은 성격이 포악하다?

초등학교 시절, 제 고향 강원도에서는 대부분의 사람들이 마당에 개를 풀어놓고 길렀습니다. 물론 그중엔 매우 사나운 개들도 포함되어 있었습니다. 당시 등하굣길 중간쯤에 매우 사나운 개 한 마리를 풀어놓고 키우는 집이 있었습니다. 덩치는 크지 않았지만 사납게 짖어대 어린 제게는 공포의 대상이었습니다. 그 집을 지나갈 때마다 '그 무서운 개가 밖에 나와 있지는 않을까?' 조마조마하며 가슴 졸였던 기억이 납니다. 그 무서운 개가 있는 집 앞까지 숨을 죽이고 천천히 슬금슬금 걸어가다가 그 집 앞에서는 온 힘을 다해 도망치곤 했습니다.

누구나 한 번쯤은 경험했을 평범한 이야기입니다. 지금에 와서 곰곰이 생각해보면 아무 생각 없이 그 집 앞을 걸을 때는 한 번도 개가 짖거나 위협하지 않았던 것 같습니다. 또 제가 도망갈 때는 무섭게 짖으며 따라오다가도 멈춰서면 물지 않았습니다. 그냥 멀찌감치 떨어져서 또 짖을 뿐이었죠. 그리고 그렇게 저를 물어 죽일 것 같이 따라오다가도 집에서 어느 정도 떨어진 거리가 되면 급하게 방향을 돌려 돌아가기 바빴습니다. 사실 그 개는 사나운 개가 아니라 겁쟁이 개였던 것입니다.

개의 생각을 들어볼까요? 개는 평소 무관심한 어른들보다 자기를 보면 돌을 던지고 소리를 지르며 장난치는 어린이들이 싫고 무서웠습니다. 그래서 도망가기 위해 빠르게 움직이는 저를 보고 본능적으로 반응한 것입니다. 자기가 짖고 위협하면 공포의 대상인 저를 쫓아낼 수 있다는 것을 학습한 것이죠. 또 자신의 영역 안에서는 자신감이 생겨 짖고 따라올 수 있었지만 자신의 영역을 벗어나자 겁이 나 방향을 돌려 도망갔습니다.

우리가 흔히 잘못 생각하고 있는 것이 바로 이것입니다. 보통 사납게 짖고 무는 개를 보고 강하다고 하지만 이것은 사람들의 착각입니다. 겁 많은 개가 잘 짖고 잘 무는 법입니다. 사람도 그들을 사납고 무서운 존재로 바라보지만 그들 역시 사람들의 돌발행동에 공포를 느끼고 있다는 사실을 잊지 마세요.

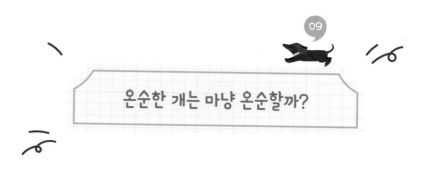

온순한 개는 마냥 온순할까?

결혼식이 있어 시골에 갔을 때 일입니다. 시골이라 그런지 결혼식장 바로 옆집에 큰 개 한 마리가 묶여 있는 것을 보았습니다. 슬쩍 보았는데 순한 듯했습니다. 그리고 실제 밖에서 오랜 시간 지켜본 결과 분명 온순한 개라는 느낌을 받았습니다.

많은 사람이 왔다 갔다 하는 중에도 개는 잘 짖지도 않고, 마치 이러한 모습들이 당연하다는 듯 태연하게 행동하고 있었습니다. 바로 옆이 결혼식장이다 보니 많은 사람들이 지나가는 것에 대해 자연스럽게 사회화되어 사람을 침입자로 느끼기보다 있는 그대로 받아들이는 것 같았습니다.

2층 건물에서 친구들과 이야기하며 내려다보니 그 개가 엎드려 쉬고 있었습니다. 그때 네다섯 살로 보이는 남자아이가 개를 향해 걸어갔습니다. 이미 개가 순하다는 것을 알았기 때문에 놀라기보다는 '그 아이가 어떻게 할까?' 하는 호기심이 더 컸습니다. 아이가 다가가며 손을 내밀자 개가 조용히 일어났습니다. 그 모습에 아이가 조금 놀랐는지 '쿵' 하고 넘어졌습니다. 아이와 개 사이에 있었던 일은 이것이 다입니다. 그런데 그다음에 어떤 일이 발생했을까요?

주위에 있던 부모와 사람들이 깜짝 놀라 아이를 감싸 안았고, 다른 사람들은 근처에 있던 작대기를 들고 "나쁜 개xx!"라며 욕하고, 개를 위협했습니다. 위기감에 의한 방어적인 행동인지, 아니면 놀란 것인지 그 온순하던 개가 사람을 향해 짖어대기 시작했습니다. 다행히 개의 보호자가 현장에 없어 사건이 크게 번지지는 않았지만, 주위 반응은 아무리 시골이라고 해도 사람이 많이 다니는 결혼식장 옆인데 저렇게 사나운 개를 키우면 어떻게 하냐는 것이었습니다.

한순간의 일이었습니다. 이전까지 저를 비롯한 주위 사람들이 지나다니면서 "참 순한 개다", "귀엽다", "예쁘다"라고 했는데 그 뒤부터는 "사납다", "무섭다"라는 반응을 보였습니다. 결혼식이 끝나고 나왔을 때도 그 개는 사람들을 향해 계속해서 짖고 있었습니다. 그 일로 자신을 예뻐해 주던 사람들이라도 언제 돌변하여 자신을 해칠 수 있다는 생각을 하게 됐을지도 모를 일입니다.

카페 상담 글이나 질문들을 보면 "우리 개가 심하게 짖어요", "너무 사나워요", "주인을 자꾸 물어요" 등의 고민을 토로하며 짖지 않는 개, 온순한 개로 만드는 방법을 물어보는 분들이 많습니다. 하지만 그전에 '우리 개가 왜 이렇게 됐을까?' 하고 한 번쯤 그 원인에 대해서 생각해보길 바랍니다. 원인을 찾아 해결하지 않으면 어떤 방법으로도 그 문제를 해결할 수 없을 것입니다.

그리고 한 가지 더 명심해야 할 것은 우리의 잘못된 생각과 행동으로 인해 한순간에 개를 망쳐버릴 수 있다는 사실입니다. 평소 부르면 잘 달려오던 개가 어느 순간부터 불러도 오지 않을 때, 온순했던 개가 갑자기 보호자를 향해 공격적인 모습을 보일 때, 활발하던 개가 소심하고 겁 많은 개로 변할 때, 갑자기 잘 다니던 곳을 지나가기를 두려워할 때, 특정인에게만 공격적인 모습을 보일 때 등 개의 갑작스러운 변화에는 분명 어떤 원인과 이유가 있습니다.

아주 짧은 시간에 벌어진 그 사건으로 인해 온순한 개는 몇 년 동안 살아온 자신의 집에서 사납다는 오명을 듣고 쫓겨나야 할지도 모르게 되었습니다.

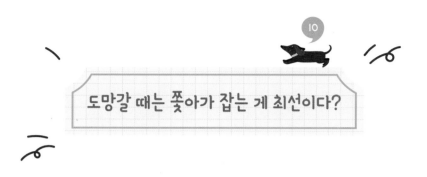

도망갈 때는 쫓아가 잡는 게 최선이다?

어느 봄날, 날씨가 좋아 잠시 공원 벤치에 앉았습니다. 그때 한 중년 여성이 몰티즈 한 마리와 산책을 하고 있었습니다. 지나다니는 모르는 사람도 잘 따르고, 산책하는 모습을 보니 훈련이 꽤 잘된 듯 보였습니다.

그렇게 잠시 앉아있다가 쌀쌀해지는 것 같아 들어가려고 할 때쯤, 이 여성분이 개의 목줄을 풀어주는 게 아니겠습니까. 아니나 다를까 줄에 묶여 있을 때와 달리 이 녀석 정신없이 뛰어다니기 시작했습니다. 안되겠다 싶었는지 이 중년 여성이 개를 부르기 시작했습니다.

"몰리야! 몰리!" 아무리 불러도 이 녀석은 잠시 쳐다만 볼 뿐 또다시 정신없이 뜁니다. "몰리! 몰리! 이리 와! 이리 오라고!" 이제 슬슬 화가 나기 시작한 듯합니다. 그리고 개를 향해 뜁니다. "야! 몰리! 이리 오라고 했지! 잡히면 너 죽는다!"

멀찌감치 떨어져 벤치에 앉아 지켜보는데 저도 모르게 피식하고 웃음이 났습니다. 그 중년 여성과 몰리의 실랑이는 한동안 계속되었습니다. 도와줄까 하다가 그냥 들어가려던 차에 장난기가 발동하여 개가 달리는 반대 방향으로 소리를 지르며 뛰기 시작했습니다.

뒤를 돌아보자 그 녀석이 저를 향해 무섭게 뛰어오더군요. 그리고 제가 멈추자 이 녀석도 5m 정도 떨어진 상태에서 멈춰섰습니다. 그렇게 거리를 두고 나름 경계를 하고 있어 붙잡기는 힘들어 보였습니다. 그래서 자세를 낮추고 뒷걸음치며 다시 개를 유혹했습니다. 그러자 저를 향해 조금씩 따라와 거리가 좁혀지기 시작했습니다. 잡을 수 있을 것 같다고 생각한 순간 저 멀리서 그 중년 여성분이 다시 소리를 지르며 뛰어왔습니다. "그 녀석 좀 잡아주세요. 야! 몰리 너 이리 안 와!"

그러자 몰리는 다시 이리저리 신나게 도망을 갔습니다. 우리가 가장 흔하게 하는 실수 중 하나는 개가 오지 않는다고 해서 개를 잡기 위해 쫓아가는 것입니다. 하지만 그럴 때 개는 보호자와 신나게 추격 놀이를 하는 것으로 생각하고 열심히 도망을 다닙니다.

그러다 겨우 잡고 나면 또 한 번의 실수를 저지릅니다. 너무 화가 난 나머지 개를 때리거나 화를 내는 것입니다. 하지만 이 때문에 개가 두 번 다시 돌아오지 않을 수도 있습니다. 이와 유사한 사건은 우리 주변에서 쉽게 찾아볼 수 있습니다. 앞으로 20년 가까이 함께할 개와 살면서 그들의 겉모습에는 많은 신경을 쓰지만, 습성과 행동에 대해서는 너무 무관심하지 않았는지 생각해볼 필요가 있습니다.

신생아와 강아지는 같이 키울 수 없다?

"계속 함께 살아야 할까요, 아니면 강아지를 보내야만 할까요?"

최근 들어 신생아와 강아지가 함께 사는 것에 대한 부모님들의 걱정 어린 소리를 많이 듣습니다.

"임신이라는 큰 선물을 받았습니다. 하지만 함께 살고 있는 반려견이 큰 고민이 되고 있습니다. 반려견도 가족이라 끝까지 함께해야 하지만 주위에서는 반려 견을 함께 키우면 아기에게 기생충 감염과 알레르기 및 천식이 생길 수 있다고 다른 곳으로 입양을 보내라고 하네요. 과연 어떻게 하는 게 옳은 선택일까요?"

선택은 본인의 몫입니다. 하지만 제가 할 수 있는 말은 그런 부모님들이나 아기들을 걱정하는 주위 사람들보다 강아지가 더 깨끗할 수 있다는 것입니다. 즉, 아기가 질병에 걸린다면 강아지보다는 아기와 접촉하는 일반 사람에게서 비롯될 수 있다는 말입니다. 물론 신생아 때는 되도록 접촉도 피하고 위생 관리에 더 신경 써야 하는 것은 당연한 일입니다. 강아지가 아기를 가족으로 맞이할 수 있도록 기다려 주고 교육도 해야 합니다.

큰 문제가 없을 거라는 사실을 알면서도 임신을 하고 아이를 낳게 되면 걱정이 되는 게 부모 마음입니다. 하지만 우려와 달리 사람과 개는 체내 환경이 다릅니다. 치명적인 바이러스의 종류도 다르고, 몸속에 생존하는 세균도 다릅니다. 강아지로부터 전염되는 기생충은 대부분 성충으로 발달하지도 못하고, 번식하지도 못해 체내에서 떠돌다 결국 죽고 맙니다.

또한, 구충을 한 개들에게서 기생충이 옮는다는 것은 매우 가능성 없는 이야기입니다. 오히려 우리가 해산물을 회로 먹을 때 전염되는 기생충이 더 무섭습니다. 회를 통해 전염되기 쉬운 고래회충은 구충제로도 예방이 힘들며 감염이 되었을 경우 심할 경우 위나 장을 뚫고 돌아다녀 매우 위험합니다.

 **Tip** 아기와 반려견이 함께 생활하면 좋은 점

1. 반려견과 함께 사는 아기가 신체적으로 더 건강합니다.

   많은 해외 연구자료를 찾아보면 반려견과 함께 자란 아이들이 그렇지 않은 아이들보다 면역력이 더 높아졌다고 합니다. 아토피성 피부염을 비롯해 알레르기나 천식 등 가장 우려하는 부분에 대해서도 일반 가정의 아이들보다 반려견과 함께 자라는 아이들에게서 관련 질병에 걸릴 확률도 현저하게 적다고 합니다. 그 외 반려견과 함께 사는 아이들이 면역력 증강에 많은 도움이 된다는 연구 결과는 계속해서 발표되고 있습니다.

2. 반려견과 함께 사는 아기가 정서적으로 더 건강합니다.

   반려견과 함께 사는 아이들은 질병뿐 아니라 정신 건강에도 긍정적인 영향을 미치고 있다는 연구 결과가 발표되고 있습니다. 반려견은 아이들의 성격 형성이나 사회성 발전에 도움을 주고 감수성이 풍부해지며, 책임감 있는 아이로 성장하는데 많은 도움을 주고 있습니다. 또 반려견과 함께 사는 아이들이 일반 가정의 아이들보다 다른 사람의 마음이나 감정을 이해하는데 더 높은 능력을 지니고 있다는 연구 결과도 있습니다.

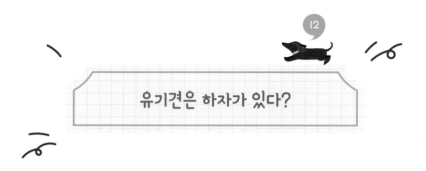

유기견은 하자가 있다?

'유기견' 하면 어떤 생각이 가장 먼저 떠오르십니까?

"더럽고, 못생겼으며, 정상적이지 못한 이상행동을 할 것이다"

"온갖 나쁜 질병에 걸렸을 것이다"

"유기견은 분명 어떤 이유가 있어서 버려졌을 것이다"

과연 정말 그럴까요? 절대 아닙니다. 처음부터 버려지기 위해 태어나는 개들은 없습니다. 그들도 처음에는 누군가에게 사랑받았으며, 세상 그 어떤 누구보다 귀엽고 예쁜 강아지였습니다. 유기견은 문제가 있는 개가 아닙니다. 사람들의 이기심이 만들어낸 피해자입니다. 유기견들은 이미 자신들이 믿고 따르던 사람들로부터 한 번 버려졌는데, 잘못된 편견으로 인해 두 번 버려지고 있습니다. 그렇다면 사람들은 왜 그렇게 사랑하던 강아지들을 버릴까요?

"강아지 땐 작고 예뻤는데 키우다 보니 덩치도 커지고 귀엽지 않아서"

"키우는데 비용이 너무 많이 들어서"

"병에 걸렸는데 수술비가 비싸고, 치료비도 부담스러워서"

"아픈 개를 간호할 시간이 없고 귀찮아서"

"배변 훈련을 가르쳐도 배우지 못하고 냄새나고 더러워서"

"매일 매일 짖어대 옆집에서 항의가 들어와서"

"이사를 하는데 그곳에는 개를 키울 수가 없다고 해서"

개를 기른다는 것은 하나의 생명을 맞이하는 막중한 책임이 필요한 일입니다. 이러한 말도 안 되는 이유로 개에게 책임을 떠넘긴다는 것은 너무 이기적인 생각이며, 개로서도 매우 억울한 일일 것입니다. 어떠한 이유도 그것은 사람의 핑계일 뿐입니다.

"사랑하고 예뻐했던 아이인데 목줄을 하지 않아서 그만 잃어버리고 말았습니다", "집에 현관문이 열려 있었는데 그 틈으로 뛰쳐나가 돌아오지 않았습니다"와 같은 이유 역시 모두 핑계입니다. 그전에 개에게 인식표를 달아주고, 뛰쳐나가 위험에 빠지지 않도록 이중문을 설치하는 등으로 예방해야 합니다.

개를 잃어버리고 나서 전단지를 붙이고, 이곳저곳 정신없이 다녀봐야 이미 늦은 일입니다. 인식표도 없는 개를 다시 찾을 확률은 극히 드뭅니다. 개를 잃어버렸다는 것 역시 개를 버린 것과 같은 의미입니다. 반드시 개에게 인식표를 달아주고 출입문은 이중문으로 설치해야 합니다. 외출 시에는 목줄을 착용하여 잃어버리는 일이 없도록 주의할 필요가 있습니다.

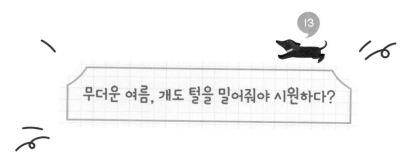

무더운 여름, 개도 털을 밀어줘야 시원하다?

해마다 여름이 되면 고온 다습에 찌는 듯한 무더위가 찾아옵니다. 그때 털이 덥수룩한 우리 개들을 보고 있자면 보는 것만으로도 덥게만 느껴진다는 이야기를 많이 듣습니다. '보는 사람도 이런데 당사자는 얼마나 덥고 고통스러울까?' 하는 생각에 미리미리 털을 빡빡 깎아주는 분들도 있습니다. 하지만 그런 행동이 우리 개들을 얼마나 더 고통스럽게 만드는지 아시나요?

개들도 뜨거운 햇볕에 화상을 입을 수 있습니다. 그동안 털에 가려져 잘 몰랐을 뿐이지 실제 개의 몸 중 털이 조금 덜 나 있는 얼굴 부위에는 한여름 화상을 입는 경우가 종종 있습니다. 개의 피부는 사람의 피부보다 더 약합니다. 따라서 개의 털을 빡빡 밀어줄 경우 외출 시 개의 피부가 햇볕에 그대로 노출되어 화상을 입을 가능성이 매우 높으며 피부암의 원인이 되기도 합니다.

또한, 사람과 달리 개의 피부에는 땀구멍이 없어 털을 밀어준다고 해서 체온이 쉽게 내려가는 것도 아닙니다. 오히려 외부의 온도에 직접적으로 노출되어 체온을 유지하는데 더 어려움을 겪을 수 있으며 열사병에 노출되기 쉽습니다.

털을 빡빡 밀면 실내에서도 위험합니다. 요즘에는 에어컨 등 냉방이 잘 되어 있는데 쉽게 체온을 빼앗겨 위험해질 수 있습니다. 개의 털은 외부의 높은 열을 차단함과 동시에 몸의 체온을 적절히 유지해주는 기능을 하고 있습니다.

그리고 개는 스스로 털의 손질을 위해 발톱으로 털을 빗는 습관이 있습니다. 털을 모두 밀어버린 상태에서 습관적으로 발톱을 이용해 몸을 긁게 되어 피부에 상처를 입는 경우도 종종 발생하기도 하며, 털이 없다면 외부기생충에 의한 노출에도 매우 취약해집니다.

물론 짧게 깎는 것이 더위 감소에 어느 정도 도움이 되기도 합니다. 덥수룩한 털로 인해 공기의 순환이나 바람이 불어도 차단이 되기 때문에 체내의 열을 방출하기 위해서라도 짧게 미용해 주는 것은 도움이 될 수 있습니다. 그러나 너무 짧게 자르는 것은 독이 될 수 있습니다.

　다가오는 여름, 털을 잘라 줄 경우에는 최소 피부가 덮일 정도 이상은 　남겨두고 미용을 해주세요. 그렇지 않으면 실내에서는 저체온 방지를 위해서, 실외에서는 직사광선 및 뜨거운 열을 방지하기 위해서 오히려 개에게 옷을 입혀야 할 수도 있습니다.

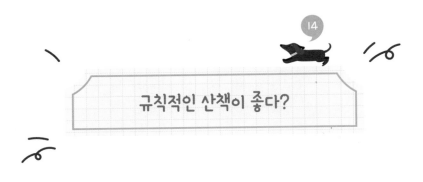

규칙적인 산책이 좋다?

먹는 것과 종족 번식이라는 가장 기본적인 본능 외 반려견에게 있어 보호자와의 산책은 그들 삶의 전부라고 할 정도로 반려견에게 아주 중요한 부분을 차지하고 있습니다.

반려견을 키우고 있다면 산책은 매일 1~2회 이상 실천해야 하는 항목 중 하나입니다. 국내에서는 불과 20년 전만 하더라도 산책의 중요성을 잘 모르고 개를 집안에서만 키우는 분들이 많았으나 지금은 인식이 변화하면서 당연하게 또는 의무적으로 산책을 매일 하는 분들이 점점 많아지고 있습니다. 매우 좋은 현상입니다.

하지만 의무적으로 산책을 시키다 보면 약간의 문제가 발생하기도 합니다. 간혹 이런 질문을 받곤 하는데, 그럴 때면 문제는 더 확실해집니다.

"우리 반려견은 정말 똑똑한 것 같아요. 산책 시간만 되면 우리 아이들은 어떻게 알고 개줄을 먼저 물고 오고 문 앞에 서서 나갈 때까지 짖고 흥분해 있습니다. 이럴 때면 어쩔 수 없이 급한 일도 멈추고 산책을 해야 합니다. 그렇지 않으면 옆집에서 시끄럽다고 항의가 들어오기 때문입니다. 어떻게 하면 산책 전에 짖고 흥분하는 것을 고칠 수 있을까요?"

방법은 생각보다 아주 간단합니다. 산책 시간을 반려견이 예측하지 못하게 하면 됩니다. 오늘은 일찍 회사에 나가봐야 하니까 새벽 시간에 시켜줄 수도 있고 오늘은 휴무니까 조금 늦게 오전 10시쯤 산책을 하는 것도 괜찮습니다.

꼭 해야만 한다는 강박 관념에 오전 7시에 그리고 오후 7시에 이런 식으로 일정한 시간을 정해 놓고 산책을 시키는 분들이 있습니다. 강아지들은 우리가 생각하는 것 이상으로 시간에 예민하게 반응한다는 것을 반려견을 키워보신 분들이라면 누구나 공감하는 부분일 것입니다. 이렇게 일정한 시간을 정해 놓게 되면 발생하는 문제로 가장 먼저 보호자가 스트레스를 받게 될 것입니다.

산책은 즐거워야 합니다. 그 시간에 나갈 수 없는 상황이 벌어지면 반려견보다 먼저 보호자가 불안하게 되고 그 불안함은 반려견에게도 그대로 전달되기도 합니다.

또 반려견에게도 많은 문제가 생기게 됩니다. '아침 7시가 되면 당연히 산책해야 하는데 왜 오늘은 시간이 지나도 안 나가지? 무슨 문제가 있나?'라고 생각해 줄을 물어다 먼저 보호자에게 갖다 주기도 하고, 문 앞에서 나갈 때까지 종일 짖는 강아지들도 있습니다. 그럼 주위에 눈치가 보여 어쩔 수 없이 산책하러 나가야 하고 또 이런 보호자의 행동이 반려견들에게는 짖는 행동에 보상이 되어 앞으로 짖는 행동은 점점 늘어나게 될 것입니다.

산책할 때가 되면 짖고 흥분하고 이 모습이 똑똑하고 귀여워 보이시나요? 제 눈에는 불안해 보이고 스트레스를 받는 모습으로 보입니다.

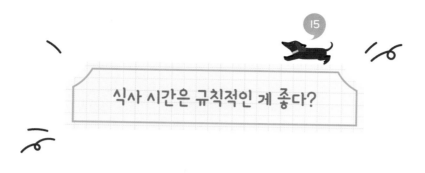

식사 시간은 규칙적인 게 좋다?

언제부터인지 모르겠지만, 우리 사람들은 규칙적인 생활에 매우 익숙해져 있습니다. 정해진 시간에 잠을 자고, 정해진 시간에 일어나고, 정해진 시간에 밥을 먹으며, 정해진 시간에 씻고, 정해진 시간에 출근합니다. 학교나 회사에 가서도 정해진 시간과 스케줄에 따라 움직이고 있습니다.

어려서부터 자연스럽게 몸에 밴 습관과 버릇 때문인지 우리는 반려견에게 도 똑같이 정해진 계획표대로 강아지를 키우는 모습을 주위에서 쉽게 볼 수 있습니다. 규칙적인 산책 시간과 마찬가지로 딱 정해진 시간에 맞춰서 식사를 배급하고 있다면, 만약 그 시간에 밥을 주지 못할 경우 반려견들은 매우 심한 스트레스를 받게 됩니다. 당연히 반려견들은 밥을 달라고 밥그릇을 물고 다니거나 보호자를 향해 밥을 달라고 짖을 것입니다. 똑똑하다기보다 지극히 당연한 행동들을 하는 것일 뿐입니다.

마찬가지로 밥을 달라고 흥분하고 짖으면 우리는 또 반려견의 요구상황을 들어 줄 것입니다. 그렇게 되면 반려견의 짖는 행동에 우리는 자연스럽게 보상을 하게 된 것이고 앞으로 점점 심하게 짖어낼 것입니다. 짖으면 짖을수록 착한 보호자는 또 내 요구를 들어준다는 것을 반려견도 너무 잘 알고 있기 때문이죠. 오늘 아침 식사를 7시에 췄다면, 다음 날은 쉬는 날이니까 좀 더 자고 일어나 9시쯤 주는 것도 괜찮습니다.

정리하자면, 반려견이 예측할 수 없게 해주세요. 우리가 생각하는 것 이상으로 반려견은 시간과 공간 그리고 우리의 행동 하나하나에 매우 예민하게 반응합니다. 산책하는 시간과 언제 밥을 먹는지 알고 있습니다. 가족들의 출근 시간과 퇴근 시간도 알고 있으며 또 혼자 놔두고 외출을 하는 것도 사전에 알고 눈치를 채기도 합니다.

사람이라면 변경된 상황에 대한 설명으로 이해시켜줄 수 있겠지만, 반려견을 이해시키는 것은 불가합니다. 오늘은 비가 많이 내리니까 산책을 못 한다고 아무리 반려견에게 설명해도, 오늘은 내가 조금 피곤해서 늦잠을 자야 하니까 내일 아침밥은 조금 늦게 먹어야 한다고 말해도 반려견은 알아들을 수 없습니다. 반려견이 스트레스를 받지 않게 조금은 느슨하고 때로는 다른 패턴의 생활이 반려견의 스트레스를 줄여주기도 합니다.

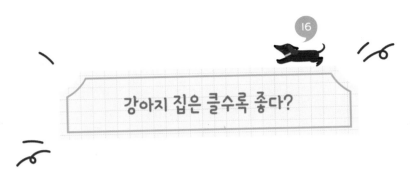

강아지 집은 클수록 좋다?

한번은 집에 손님이 오는 날이었습니다. 동물을 무서워하는 분이어서 반려견을 켄넬박스 안에 들어가 있도록 했습니다. 이후 손님과 커피를 마시면서 이야기를 하고 있었는데, 손님은 본인 때문에 강아지가 너무 좁은 곳에 가두어져 있는 게 신경이 쓰였는지 이야기 도중에도 계속 반려견 쪽을 바라보았습니다. 그래서 강아지도 새로운 손님 방문에 어느 정도 안정을 찾은 것 같아 켄넬박스 문을 열어주었습니다.

그런데 손님은 문을 열면 강아지가 밖으로 뛰어나올 것으로 생각했는지 그냥 얌전히 그곳에 엎드려 우리를 바라보는 모습에 조금은 놀란 듯 보였습니다. 그렇게 이야기를 계속하던 중 강아지가 켄넬박스에서 나와 물도 마시고 주위 냄새도 맡으면서 여기저기 돌아다니다가 다시 집 안으로 들어가 편히 쉬는 모습을 보고는 또 한 번 놀라 했던 기억이 납니다. 사실 반려견 입장에서는 가두어져 있었던 게 아니라 가장 편안하고 안전한 곳에서 쉬고 있었던 것입니다.

또한, 강아지 집을 구매할 때 보면 지금도 집 크기와 디자인적인 부분에 많은 신경을 쓰는 이들이 많습니다. 집이 너무 작아 강아지들이 불편할까봐 혹은 불쌍하다는 이유에서 큰 집을 선호하거나 집을 따로 구매하지 않는 분들도 있습니다. 그러나 반려견 용품 중 꼭 필요한 것 중 하나가 바로 하우스(집)입니다. 개집의 용도는 단순히 개가 잠을 자는 용도로만 쓰이는 것이 아닙니다. 사람과 마찬가지로 보호받을 수 있으며, 안정을 찾을 수 있고 개 자신만의 시간을 가질 수 있는 아주 특별한 공간입니다.

'사람들과 집 안에서 함께 사는데 군이 개집이 따로 필요로 할까?' 하며 의문을 갖는 사람들도 많을 것 같은데, 꼭 필요하다고 말하고 싶습니다. 집안에 따로 개집을 마련해주지 않으면 개는 집 안 전체를 자신이 지켜야 할 영역으로 생각하게 되어 매우 불안해하고 스트레스를 받게 됩니다. 그로 인해 예민해지고 낯선 사람들의 반응에 더욱 민감하게 반응해 짖는 일이 잦아질 것입니다.

어쩌면 개집을 반려견을 가두는 곳이라는 잘못된 인식에서 자꾸만 큰 집에 집착을 하는지도 모르겠습니다. 개집은 반려견을 가두기 위한 것이 아니라 반려견이 가장 편안하고 안전한 장소로 여기는 곳으로 인식을 바꾸면 좋을 것 같습니다. 우리 사람들도 집 거실이 아무리 넓어도 개인 방이 있어야 하는 것과 크게 다르지 않습니다.

우리가 우리의 방에 들어가면 가두어져 있다는 느낌이 들던가요? 방안에 한 번 들어가면 원할 때 나올 수 없거나 부모님이나 누군가의 동의하에만 나올 수 있는 그런 장소인가요? 개집은 가두어져 있는 곳, 또는 잘못했을 때 벌칙용으로 사용하는 곳이 아니라 가장 편안하고 안전한 장소가 되어야 합니다. 들어가 쉬고 싶을 때는 언제든 들어가 쉴 수 있고, 나오고 싶을 때는 언제든 자유롭게 나올 수 있어야 합니다.

이렇게 해주시면 평소에도 사람과 같이 자는 것보다 자신의 집에서 편하게 자는 것을 좋아하게 되고, 필요할 때 문을 닫아도 크게 거부하거나 스트레스를 받지도 않습니다. 반려견도 이제는 언제든 나갈 수 있다는 것을 이미 잘 알고 있기 때문입니다.

Tip

반려견 하우스(개집)는 반려견이 들어가 제자리에서 자유롭게 움직일 수 있는 정도의 크기가 가장 적합하며 디자인적인 측면보다는 실용성이나 용도에 더 집중해 결정하는 게 좋습니다. 시중에서 판매하는 켄넬박스는 개집으로도 사용 가능하며 동시에 이동장으로도 사용할 수 있어 추천합니다.

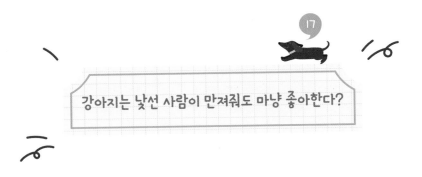

강아지는 낯선 사람이 만져줘도 마냥 좋아한다?

공원에 나가 반려견과 함께 산책하는 모습을 보고 있으면 아주 흔하게 목격되는 장면이 있습니다. 바로 남의 강아지를 예쁘고, 귀엽다는 이유로 갑작스럽게 다가가 보호자 동의도 없이 함부로 만지고 쓰다듬는 행동입니다. 이런 행동을 보이는 데는 모든 강아지는 만지고 쓰다듬으면 좋아한다는 잘못된 인식이 있기 때문입니다(꼬리를 흔들면 다 좋아한다는 것으로 잘못 알고 있는 것과 같습니다).

하지만 사실 강아지들은 누군가가 자신을 만지고 쓰다듬는 것을 그렇게 좋아하지는 않습니다. 자신을 만지는 대상이 보호자가 아니라 처음 본 낯선 사람이라면 더 그러할 것입니다. 보호자가 만지고 쓰다듬는 것은 애정표현의 하나이며 자신을 칭찬하는 것이라고 경험과 학습을 통해 알고 있기 때문에 크게 문제 될 것은 없지만 낯선 사람의 갑작스러운 손길은 이야기가 조금 다릅니다.

　그럼 반려견들은 낯선 사람들이 갑자기 자신을 만지고 쓰다듬는 행동을 어떻게 받아들이고 있을까요? 가장 적절한 표현을 들자면 아마도 자신이 성희롱을 당하고 있다는 표현이 가장 맞는 표현인 것 같습니다. 우리 사람들도 마찬가지입니다. 내 배우자나 가족이 자신의 머리를 쓰다듬거나 머리카락을 만지는 것은 괜찮을지 모르지만 길을 가다가 낯선 사람이 갑자기 다가와 내 머리를 만지고 쓰다듬는다면 어떤 기분이 들까요? 우리 반려견들도 똑같은 기분일 것입니다.

　친절하되 적극적으로 거부해야 합니다. 누가 내 강아지를 함부로 만지는 게 싫지만 거절이 어려운 분들이라면 메시지로 전달하는 것도 좋은 방법이 될 수 있습니다. 최근에는 리드줄에 연결해 사용하는 메시지 리더줄도 판매되고 있는데, 직접 메시지를 만들어 의사 표현을 할 수 있습니다.

　하지만 어쩔 수 없이 낯선 사람의 손길에 우리 반려견을 맡겨야 하는 경우도 있습니다. 가장 대표적인 경우가 바로 동물병원에 갔을 경우나 미용을 위해 반려견을 맡겼을 때입니다. 이런 경우를 대비해서라도 평소에도 반려견을 만지거나 쓰다듬는 것에 대해 거부감이 없도록 사전에 교육할 필요가 있습니다. 강아지 몸 구석구석 만지면서 보상으로 몸을 만지는 것은 나쁜 행동이 아니라 좋은 일이라는 것을 알려주고 평소에도 많은 사람과 만나서 사회성을 길러주는 것이 좋습니다.

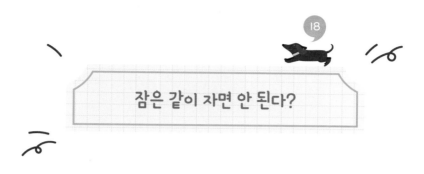

잠은 같이 자면 안 된다?

답을 하기에 앞서 "강아지와 잠을 같이 자면 안 되나요?"라는 질문과 함께 따라오는 단골 질문이 있습니다. "강아지를 소파에 올라오게 하면 안 되나요?"입니다. 왜 이런 질문이 나오기 시작했는지 알 필요가 있어 보입니다.

과거 강아지의 행동을 이해할 때 우위성 또는 서열과 연관 지어 해석하는 훈련사분들이 많았습니다. 강아지가 사람과 같은 위치나 높은 곳에 올라가 있으면 자신이 보호자보다 우위에 있고 서열이 높다고 인식하게 된다는 것입니다. 하지만 우리가 말하는 반려견에게서 보이는 대부분의 문제 행동과 서열과는 큰 연관성은 없는 것으로 보입니다.

하지만 분명한 사실은 개와 함께 잠을 자고, 소파를 함께 공유하는 개들에게서 공격적인 성향을 보이는 개들이 많다는 것입니다. 그럼 왜 같이 잠을 자고, 소파를 공유하는 개들에게서 공격적인 모습이 나타나는 것일까요?

저는 반려견을 대하는 보호자의 자세나 대처가 잘못되었기 때문에 발생한다고 보고 있습니다. 강아지와 함께 계속해서 잠을 자다 보면 그 행동은 습관이 됩니다. 당연한 일입니다. 하지만 함께 자지 못하는 경우가 생겼을 때 반려견들은 왜 같이 자면 안 되는지 이해하질 못합니다. 아마도 반려견들은 이렇게 생각할지도 모릅니다.

"나는 같이 자고 싶은데 왜 자꾸 쫓아내려고 하는 거야?"
"나는 오늘도 당신과 함께 자고 싶어요"

잠자리에서 쫓아내려고 할 경우 반려견에 따라 공격적인 성향을 보이는 강아지도 있을 것이고, 문을 긁거나 계속해서 짖는 행동을 보이기도 합니다. 이럴 경우 보호자가 하는 대처는 어쩔 수 없이 다시 반려견과 함께 잠을 자는 것인데, 이런 보호자의 대처가 강아지의 공격성이나 짖는 행동에 대한 보상이 되어 점점 공격적으로 변하게 되는 것입니다.

소파를 공유하는 반려견도 마찬가지입니다. "나는 이 자리가 좋고, 항상 내 자리였었는데 손님이 왔다고 갑자기 나보고 비키라고 하네?" 하고 불쾌한 마음에 보호자를 "앙" 약하게 물었을 때, 보호자가 그 자리를 비켜준다면 그다음부터는 "어? 앞으로 이 자리에 계속 앉아있고 싶으면 그냥 물어버리면 되겠어?"라고 생각할 것입니다. 보호자는 그냥 그 당시 상황을 빠르고 간단하게 대처했을 뿐인데 결론적으로 우리는 반려견에게 무는 행동을 가르치고 있었던 것입니다.

반려견과 함께 침대에서 잠을 자고, 소파를 함께 사용해도 괜찮습니다. 반려견과 같이 잠을 자면 보호자와의 교감도 쌓이고 안정감을 느끼기도 합니다. 스트레스도 감소하고 서로 간의 유대감은 더 커집니다.

다만 중요한 것은 따로 잠을 잘 수 있도록 평소에 교육해야 합니다. 반려견이 보호자와 같이 자고 싶다고 해서 언제든지 들어주는 것이 아니라 보호자가 함께 자야 할 때와 따로 자야 할 때를 구분하는 게 중요합니다.

반려견이 소파나 의자 위에 올라오는 것도 마찬가지입니다. 소파 위에 같이 앉아 TV도 보고 같이 쉬기도 하면서 반려견과의 사랑과 유대감은 더 좋아질 수 있습니다. 그러나 반려견 스스로 언제든 올라올 수 있지만 보호자가 내려가라고 하면 내려갈 수 있게 교육해야 합니다.

Part 3 _

강아지와 함께하는
즐거운 훈련 놀이

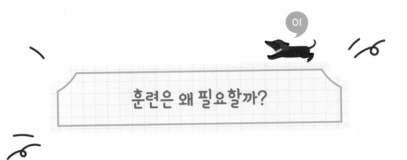

훈련은 왜 필요할까?

    사람과 개가 함께 살아가기 위해서는 각자의 언어를 이해하고, 서로 간 예의를 지킬 수 있어야 합니다. 그러기 위해서는 훈련이 필요합니다. 요즘 '애완견'을 '반려견'으로, '강아지 복종훈련'을 '강아지 기본교육'으로 대체 사용해야 한다는 의견이 많습니다. 그만큼 개를 사랑하는 사람들이 늘었다는 의미일 것입니다. 물론 이렇게 단어를 바꾸는 것도 중요하지만 그 단어에 내포된 뜻을 먼저 이해해야 하지 않을까요?

    훈련은 곧 학대라고 생각해 부정적인 의견을 가진 사람들이 많습니다. 여전히 개를 굶기고, 때리는 등의 구시대적 방법의 훈련만 있다고 잘못 알고 있기 때문입니다. 그러나 요즘 훈련은 개가 좋아하는 것, 먹이와 놀이, 보호자의 칭찬 등 기쁨을 통해 이루어집니다.

　복종훈련도 마찬가지입니다. 복종(obedience)은 '누구에게 귀를 기울이다'라는 뜻을 가지고 있는데 서로 존중하고, 귀 기울일 때 반려견도 보호자의 말을 알아듣고 복종할 것입니다. 훈련은 사람과 개라는 다른 종이 함께 살기 위해 반드시 필요한 최소한의 의무입니다.

훈련은 언제부터 해야 할까?

　"훈련을 시키려는데 적절한 시기가 언제인가요?"라고 물어보는 사람들이 부쩍 늘고 있습니다. 훈련에 대한 인식이 많이 변해 훈련에 대한 필요성을 느끼고, 누구나 할 수 있다고 생각하는 사람들이 많아진 덕분입니다.

　훈련의 적절한 시기는 언제일까요? 평균적으로 본격적인 교육은 생후 4~6개월이 적절할 것으로 봅니다(단, 훈육 차원에서는 신생아기부터 그 시기에 맞는 핸들링이 필요합니다). 저마다 자라온 환경과 성격 등 외부요인의 영향을 많이 받기 때문에 꼭 이 시기라고 할 수는 없습니다. 하지만 이때 더욱 중요한 것은 진짜 적정 시기는 반려견과 보호자의 신뢰와 친화가 이루어진 후라는 것입니다.

강아지와 함께하는
즐거운 훈련 놀이

우리가 자주 하는 실수 중 하나가 바로 개는 아직 마음의 준비가 되어 있지도 않은데 반려견을 집에 데리고 오자마자 "앉아"를 가르치는 것입니다. 결과는 어떨까요? 대부분 실패합니다. 전문 반려견 훈련소에 반려견 훈련을 위탁해도 훈련사들은 바로 훈련을 시작하지 않습니다. 개와 신뢰가 쌓이고 친화될 때까지는 그저 배가 고프지 않게 해주고 개와 함께 놀아줍니다. 이 개가 무엇을 좋아하는지, 무엇을 싫어하는지, 성격이나 기질은 어떤지 먼저 개에 대해 파악합니다.

개가 당신을 신뢰하도록 환경을 만들어주는 것, 이것이 바로 가장 큰 원칙으로 삼아야 한다는 것을 기억하세요.

훈련엔 보상이 필요해-먹이, 장난감, 칭찬

 먹이

먹이는 살아가는데 가장 중요한 것 중 하나이며 본능입니다. 따라서 개 훈련 시 보상으로 먹이를 사용하는 것은 매우 효과적입니다. 특히 약간의 공복 시 먹이를 이용한 보상은 그 효과가 뛰어납니다. 먹이의 가장 큰 장점은 먹고 나면 없어진다는 것입니다. 따라서 바로 보호자에게 집중시켜 개를 침착하게 훈련할 수 있습니다. 단, 단점은 배가 부르면 훈련을 게을리하는 나쁜 버릇이 생길 수 있다는 것입니다.

*훈련의 성과를 높이기 위한 먹이 이용방법

① 적당한 공복 상태에 수행합니다.
② 늘 먹는 주식이 아닌 반려견이 좋아하는 간식을 이용합니다.

③ 한 번에 많은 양을 주지 말고 바로 삼킬 수 있는 작고 부드러운 것을 사용합니다.

▶ 딱딱한 것, 부피가 큰 것, 질기고 오래 씹어야 하는 간식은 씹는 시간이 오래 걸려 다음 훈련 시 집중하기 어렵기 때문에 작게 썰어 한입에 삼킬 수 있는 소시지나 치즈 등을 이용하는 것이 효과적입니다.

🐾 장난감

개의 본능 중에는 수렵 본능이 있습니다. 따라서 이러한 본능을 자극할 수 있는 장난감을 이용하여 훈련하는 것도 좋습니다. 훈련에 이용되는 대표 장난감인 공은 자유자재로 이리저리 움직이는 게 마치 살아 있는 작은 초식 동물처럼 보입니다. 또한, 물었을 때 소리 나는 장난감은 마치 먹잇감 사냥 시 목덜미를 물었을 때 나는 소리를 연상시켜 개에게 흥미와 흥분을 일으킬 수 있습니다.

장난감을 이용한 훈련의 장점은 훈련의 성과를 매우 빠르게 높일 수 있다는 것입니다. 반면, 단점은 장난감을 가지고 놀려는 기쁨과 흥분 때문에 다음 훈련 시 집중력이 떨어져 진행에 어려움이 생길 수 있다는 것입니다.

🐾 칭찬

칭찬은 그 어떤 보상보다도 중요한 비중을 차지합니다. 먹이나 장난감만으로는 원하는 훈련을 할 수 없습니다. 앞서 이야기했듯 훈련이란 인간과 개가 함께 살아가는 데 있어 서로 다른 종인 둘을 이어주는 꼭 필요한 의사소통 중 하나입니다. 따라서 반려견과 보호자의 정신적인 교감, 즉 칭찬만이 개와 인간을 하나로 연결할 수 있습니다.

개는 대표적인 사회화 동물 중 하나입니다. 사회화 동물들은 다른 이들로부터 관심을 받길 원합니다. 관심을 주는 대상의 지위나 위치가 높다면 더욱 그러합니다. 보호자는 반려견에게 있어 가장 높은 지위와 위치에 있는 리더이며, 누구보다 자신이 믿을 수 있는 동료입니다. 이런 대상에게 칭찬을 받는 것은 개에게는 그 무엇보다도 최고의 보상이 될 것입니다.

강아지와 함께하는
즐거운 훈련 놀이

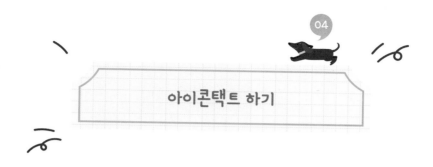

아이콘택트 하기

훈련을 시키기 위해서는 우선 반려견이 보호자에게 집중할 수 있도록 해주어야 합니다. 그러기 위해서는 먼저 시선을 맞춰야겠죠? 반려견이 보호자에게 시선을 맞추고 집중하도록 하는 '아이콘택트'는 보호자의 말을 개가 정확히 알아듣게 하는데 큰 도움을 줍니다.

🐾 훈련 1단계

① 보상으로 사용할 간식을 준비합니다.

② 반려견을 앞에 두고 눈을 마주칠 때까지 기다려 줍니다.

③ 눈을 마주쳤다면 칭찬과 함께 손에 들고 있던 간식을 보상으로 줍니

다(처음 시작하는 훈련 단계에서는 반려견과 눈빛이 스쳐 지나가다 마주치는 것만으로도 칭찬과 보상을 해주셔야 합니다).

④ 반복해 줍니다.

🐾 **훈련 2단계**

첫 번째 단계에서는 아주 잠깐이라도 시선이 스쳐 지나가면서 마주쳤더라도 보상을 주었다면 2단계부터는 시간을 점점 늘려 갑니다.

① 1초 동안 눈을 마주치면 칭찬하고 간식으로 보상합니다.

② 반복합니다.

③ 반려견이 익숙해졌다고 판단되면 같은 방법으로 2초, 3초, 4초와 같이 강아지와 눈을 맞추는 시간을 점점 늘려가면 됩니다(잘한다고 갑자기 시간을 늘리기보다는 순차적으로 진행하는 방법을 추천합니다).

🐾 **훈련 3단계**

마지막 단계는 신호(명령어, 지시어)를 알려주는 것입니다. 반려견과 시선

맞추기가 익숙해졌다면 마지막으로 아이콘택트 신호를 알려줍니다(지시어는 "집중", "(반려견 이름)" 등 적절한 단어를 선택하시면 됩니다). 지금까지는 눈이 마주치면 보상을 해주었지만, 지금부터는 보호자가 신호를 보냈을 때만 보상을 해줍니다.

① 신호 "집중"을 보내고 반려견과 눈을 마주쳤다면 칭찬과 함께 보상합니다.

② 만약 보호자의 신호가 없었는데도 눈을 마주쳤다면 보상하지 않습니다.

③ 이런 방식으로 반복 훈련을 통해 변별력을 갖추게 됩니다.

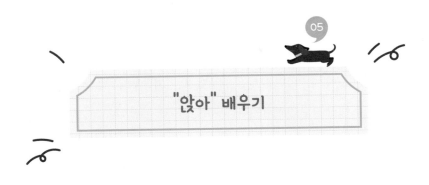

"앉아" 배우기

훈련 용어 중 가장 많이 듣고 사용되는 것이 바로 "앉아"일 것입니다. 이는 훈련에 있어 가장 기초가 되는 단계이기 때문입니다. "앉아" 훈련이 제대로 된다면 다른 훈련들도 그리 어렵지 않게 진행할 수 있습니다. 보기에는 쉬워 보일지 몰라도 올바르게 앉도록 하기 위해서는 상당한 시간 및 꾸준한 복습이 요구됩니다. 그럼 훈련의 첫 단추인 "앉아"에 대해 알아보도록 하겠습니다.

먼저 '우리 반려견이 간식을 좋아할까? 장난감을 좋아할까?' 생각해보고, 어떤 보상을 해줄지 정해야 합니다. 반려견 훈련에 있어 가장 좋은 방법은 스스로 하게끔 자연스럽게 유도하고 즐길 수 있는 환경을 만들어주는 것입니다. 개는 본래 앉는 행동을 할 줄 아는 동물입니다. 억지로 한 손으로 개의 안쪽

허벅지(대퇴부) 쪽 엉덩이를 누르고 다른 한 손은 개줄을 이용해 머리 위로 올려 개가 앉을 수 있도록 만들 필요가 없습니다. 우리는 개가 앉을 때까지 기다려 주기만 하면 됩니다. 기다리다 내 앞에서 앉으면 잘했다고 칭찬하고 맛있는 간식으로 보상해 주면 그만입니다. 이게 끝입니다.

🐾 훈련 I단계

반려견이 앉아있을 때 간식(보상)으로 보상해 주는 것입니다. 처음 몇 번은 반려견이 어떻게 해야 보상을 받는지 이해하지 못했기 때문에 어려워할 수도 있습니다. 앉아도 보고 엎드려도 보고, 고개를 갸우뚱할 수도 있고, 낑낑거리기도 합니다. 이렇게도 해보고, 저렇게도 해보다가, '어? 앉으니까 칭찬도 해주고 간식도 주네?' 혹은 '앉았더니 또 간식을 주잖아?'라고 생각해 스스로 터득하게 됩니다. 이후 점점 앉는 횟수가 증가할 것입니다.

① 보상으로 사용할 간식을 준비합니다.
② 반려견을 앞에 두고 앉을 때까지 기다려 줍니다.
③ 반려견이 앞에 앉았다면 그 즉시 칭찬과 함께 손에 들고 있던 간식을 보상으로 줍니다.
④ 반복해 줍니다.

🐾 훈련 2단계

첫 번째 단계에서는 반려견이 앉는 즉시 보상을 주었다면 2단계부터는 시간을 점점 늘려갑니다.

① 1초 동안 앉아있으면 칭찬하고 간식으로 보상합니다.
② 반복합니다.
③ 반려견이 1초 동안 앉아있는 훈련에 익숙해졌다고 판단되면 같은 방법으로 2초, 3초, 4초와 같이 반려견이 앉아있는 시간을 점점 늘려 가면 됩니다(잘한다고 갑자기 시간을 늘리기보다는 순차적으로 진행하는 방법을 추천합니다).

🐾 훈련 3단계

마지막 단계는 신호(명령어, 지시어)를 알려주는 것입니다. 반려견이 앉아 훈련과 행동에 익숙해졌다면 마지막으로 "앉아" 신호를 알려줍니다. 지금까지는 앞에서 앉는 행동을 하면 보상을 해주었지만, 지금부터는 보호자가 "앉아"라는 신호를 보냈을 때만 보상을 해줍니다.

① 신호 "앉아"라고 말하고 반려견이 앉았다면 칭찬과 함께 보상합니다.

강아지와 함께하는
즐거운 훈련 놀이

② 만약 보호자의 신호가 없었는데도 앉았다면 보상하지 않습니다.

③ 이런 방식으로 반복 훈련을 통해 변별력을 갖추게 됩니다.

🐾 반려견의 앉는 자세 도와주기

간식이나 장난감을 반려견의 머리 위로 올려보세요. 반려견의 시선은 좋아하는 간식을 바라보기 위해 고개를 위로 올리는 과정에서 자세가 불편해 자연스럽게 앉게 됩니다. 이때 앉는 자세를 취하지 않고 뒤로 물러나는 강아지들도 있는데 이를 방지하기 위해 때에 따라서는 벽이나 뒤가 막힌 곳을 이용하는 것도 도움이 될 수 있습니다.

🐕 Tip

1. 아이콘택트를 배운 반려견이라면 보호자가 서서 훈련을 시킨다면 더 빨리 "앉아"를 배울 수 있습니다. 반려견은 높은 위치에 있는 보호자의 얼굴을 바라보기 위해 머리를 올리는 과정 중 편안한 자세를 취하기 위해 자연스럽게 앉는 행동을 하게 됩니다.

2. 탁자나 의자 위에서 훈련 시키면 집중력을 높이는 데 도움이 됩니다(단, 사전에 탁자나 의자 위에 올라가는 것에 대한 거부감이나 불안감이 없도록 훈련되어 있어야 합니다).

3. 명령어와 동작을 이용한 수신호를 함께 사용하면 효과가 두 배(연구 결과 반려견은 사람의 말보다 동작에 더 잘 반응한다고 합니다)!

▶ 훈련은 응용할 줄 알아야 합니다. "앉아" 훈련을 익혔다면 이제 "일어서", "엎드려" 훈련도 쉽게 시킬 수 있겠죠?

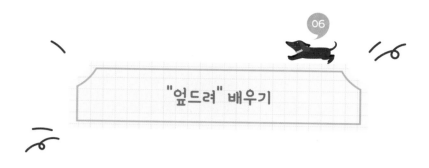

"엎드려" 배우기

강아지 기본 훈련 중에 "앉아", "엎드려" 훈련은 가장 기본적인 동작 중 하나입니다. 하지만 "엎드려"는 "앉아"에 비해 가르치기 힘들어하는 분들이 의외로 많습니다. 편하지 않은 대상이나 환경에 있을 때, 예상하지 못한 상황이 벌어졌을 때 순간적으로 대응이 힘들어 엎드려있는 자세를 꺼리는 개들이 있어 상대적으로 어려움을 느끼는 것 같습니다.

반대로 이야기 하자면 익숙한 환경이나 장소, 그리고 보호자에 대한 신뢰와 친화가 잘 되어 있다면 쉬운 훈련이 될 수도 있습니다. "엎드려" 훈련은 "앉아" 훈련의 연속 동작으로 기본적인 훈련 방법은 "앉아" 훈련 방법과 비슷합니다.

😺 훈련 1단계

반려견이 엎드려있을 때 간식(보상)으로 보상해 주는 것입니다. "앉아" 훈련 때와 마찬가지로 엎드리면 간식을 받을 수 있다는 패턴을 스스로 터득하게 되면 점점 엎드리는 횟수는 증가하게 됩니다.

① 보상으로 사용할 간식을 준비합니다.
② 반려견을 앞에 두고 엎드릴 때까지 기다려 줍니다.
③ 반려견이 앞에서 엎드린다면 그 즉시 칭찬과 함께 손에 들고 있던 간식을 보상으로 줍니다.
④ 반복해 줍니다.

😺 훈련 2단계

첫 번째 단계에서는 반려견이 엎드리는 즉시 보상을 주었다면 2단계부터는 시간을 점점 늘려갑니다.

① 1초 동안 엎드려있으면 칭찬하고 간식으로 보상합니다.
② 반복합니다.

③ 반려견이 1초 동안 엎드려 훈련에 익숙해졌다고 판단되면 같은 방법으로 2초, 3초, 4초와 같이 반려견이 엎드려있는 시간을 점점 늘려나가시면 됩니다(잘한다고 갑자기 시간을 늘리기보다는 순차적으로 진행하는 방법을 추천합니다).

🐾 훈련 3단계

마지막 단계는 신호(명령어, 지시어)를 알려주는 것입니다. 반려견이 엎드려 훈련과 행동에 익숙해졌다면 마지막으로 "엎드려" 신호를 알려줍니다. 지금까지는 앞에서 엎드려있는 행동을 하면 보상을 해주었지만, 지금부터는 보호자가 "엎드려"라는 신호를 보냈을 때만 보상을 해줍니다.

① 신호 "엎드려"라고 말하고 반려견이 엎드렸다면 칭찬과 함께 보상합니다.
② 만약 보호자의 신호가 없었는데도 엎드렸다면 보상하지 않습니다.
③ 이런 방식으로 반복 훈련을 통해 변별력을 갖추게 됩니다.

🐾 반려견의 엎드리는 자세 도와주기

"앉아" 훈련에서는 간식이나 장난감을 반려견의 머리 위로 올려서 앉는 자세를 유도했다면 이번에는 반대로 간식을 머리 아래로 내려 반려견의 앞발 앞에 두어 자연스럽게 엎드리는 자세를 유도할 수 있습니다.

🐕 Tip

1. "앉아"를 가르칠 때는 서서 훈련을 진행했다면, "엎드려" 훈련에서는 보호자도 같이 자세를 낮춰 진행한다면 반려견이 더 빨리 이해할 수 있습니다.
2. 탁자나 의자 위에서 훈련 시키면 집중력을 높이는 데 도움이 됩니다.
3. 명령어와 동작을 이용한 수신호를 함께 사용하면 효과가 두 배!
4. 강아지가 불편할 수 있는 차가운 바닥이나 울퉁불퉁한 마당은 NO! 잔디밭이나 평평하고 엎드리기 편한 곳은 OK!
5. 평소에도 편하게 쉴 수 있는 담요 등을 깔아놓고 훈련하면 잘 엎드릴 수 있어요.

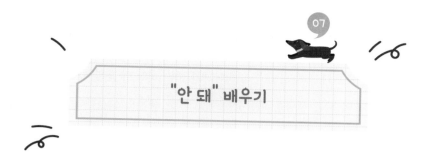

"안 돼" 배우기

　반려견이 잘못했다면 때로는 "안 돼"라는 말로 잘못된 상황에 대해 지적해 줄 필요가 있습니다. 그렇기 때문에 "안 돼"라는 말은 다른 명령어와는 다르게 좀 더 엄격하고 단호한 말투로 명령해야 합니다.

　앞서 반려견을 훈련할 때 항상 긍정적인 부분에 관심을 갖고 가르쳐야 한다고 여러 번 강조했습니다. 하지만 정작 우리가 가장 많이 사용하는 단어는 "안 돼"라는 부정적인 말일 것입니다. 물론 "안 돼"라는 말을 전혀 안 할 수도 없으며 또 상황에 따라서는 꼭 필요한 말이기도 합니다.

　우리는 사사건건 작은 것 하나에도 개에게 안 된다고 명령하고 있지만 아무런 효과가 없다는 것을 잘 알고 있습니다. 남발할 경우 반려견들도 이에 무뎌지고 익숙해지기 때문입니다. 개가 건드려서는 안 되는 물건이 있다면 개에게 안 된다고 하는 것보다 개가 만질 수 없도록 치워주는 것이 더 효과적일 것입니다. 개가 해서는 안 되는 행동을 했을 경우에도 좋은 행동으로 전환해 주는 것이 더 효과적인 방법입니다.

사랑하는 반려견이 차가 달려오는 도로를 향해 달려가고 있습니다. 이때 할 수 있는 일은 개를 향해 온 힘을 다해 "안 돼"라고 외치는 것뿐이지만 이미 이 말에 익숙해져 있으면 개를 멈추게 하지 못합니다. 이런 중요한 순간을 위해, 꼭 필요한 때를 위해서 "안 돼"라는 말을 아껴두는 건 어떨까요?

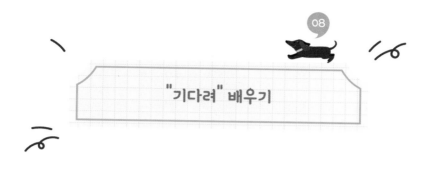

"기다려" 배우기

기다리는 훈련은 개의 참을성과 인내심을 기르는 훈련입니다. 개가 기다리는 자세를 유지하는데 가장 큰 걸림돌은 주변 환경에 대한 호기심입니다. 생활하다 보면 반려견을 기다리게 해야 하는 경우도 자주 발생하게 되고 때에 따라서는 갑자기 멈춰야 하는 위급한 상황이 발생할 수 있기 때문에 이 훈련은 중요합니다.

🐾 훈련 1단계

① 보상으로 사용할 간식을 준비합니다.

② 반려견을 앉게 합니다.

③ 간식을 바닥에 두고 한쪽 손으로 간식을 덮어 반려견이 먹지 못하게 합니다.

④ 보통의 강아지들의 경우 간식을 먹으려고 간식을 덮은 손을 핥거나 발로 긁는 등의 행동을 보이는데, 강아지가 앉을 때까지 기다려 줍니다.

⑤ 손을 핥기도 하고 발로 긁어보기도 하다가 다시 앉게 되면 바로 간식을 덮은 손을 치워 간식을 보상으로 줍니다.

⑥ 반복해 줍니다.

🐾 훈련 2단계

첫 번째 단계에서는 반려견이 앉는 즉시 보상을 주었다면 두 번째 단계부터는 시간을 점점 늘려갑니다.

① 1초 동안 앉아있으면 칭찬하고 손을 치워 간식으로 보상해 줍니다.

② 반복합니다.

③ 반려견이 1초 동안 익숙하게 기다렸다고 판단되면 같은 방법으로 2초, 3초, 4초와 같이 반려견이 앉아있는 시간을 점점 늘려나가시면 됩니다 (잘한다고 갑자기 시간을 늘리기보다는 순차적으로 진행하는 방법을 추천합니다.).

🐾 훈련 3단계

마지막으로 신호(명령어, 지시어)를 알려주는 것입니다. 반려견이 기다려 훈련과 행동에 익숙해졌다면 마지막으로 "기다려" 신호를 알려줍니다.

① 강아지를 앉히고 간식을 바닥에 두고 손으로 가립니다.
② 신호 "기다려"라고 말하고 반려견이 잘 기다리고 있으면 보상으로 간식을 줍니다.
③ 이런 방식으로 반복 훈련을 통해 "기다려"를 알려줍니다.

처음부터 오랜 시간을 기다리게 하지 말고 짧은 시간에서 점차 긴 시간 기다릴 수 있도록 훈련 시켜주세요. 또한, 처음에는 가까이서 실시하다가 점차 거리를 넓혀주세요. 나중에는 보호자가 없어도 혼자서 기다릴 수 있도록 해야 합니다. "기다려" 훈련을 하면서 간혹 다급해지면 "안 돼!"라는 말이 튀어나오는 경우가 있습니다.

"안 돼!"는 부정적이고 강압적인 말이기 때문에 정말 꼭 필요할 때만 사용해야 합니다(Part 3 '"안 돼" 배우기' 참조). 훈련이 잘되지 않는다고 해서 화를 내거나 야단을 치는 것은 좋지 않습니다. 그럴 경우 "기다려"라는 신호에 대해 반응하는 것이 아니라 위축된 상태로 보호자의 눈치를 보며 행동할 수도 있습니다. 역으로 더욱 말을 안 듣고, 공격적으로 변할 수 있으니 주의하시기 바랍니다.

 Tip

1. "앉아", "서", "엎드려" 등 여러 자세에서 기다릴 수 있게 훈련 시켜주세요.
2. 어느 정도 훈련이 되었다면 주위를 돌면서 개를 유혹해보세요. 주변 움직임에도 동요하지 않아야 해요.
3. 앉은 자세나 서있는 자세에서는 장시간 기다리게 하지 마세요. 장시간 기다림은 "엎드려" 자세에서만(특별한 경우를 제외하고는 특정 자세에서 장시간 기다리게 하지 마세요)!
4. 처음 훈련 시 기다리고 있는 상태에서 개를 부르지 마세요.
5. "기다려"를 해지할 때는 다가가서 잘했다고 칭찬해 주세요.
6. "간식을 줄 때 "먹어"라는 지시어를 알려줄 수도 있어요.

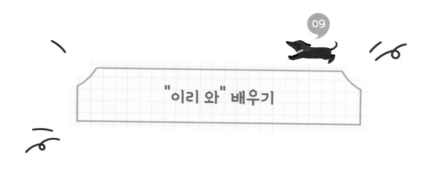

"이리 와" 배우기

"이리 와" 훈련은 개를 부를 때, 특히 야외에 나갔을 때 유용하게 쓰입니다. 가르치기 가장 쉬우면서도, 가장 어렵기도 합니다. 동시에 가장 중요한 훈련이기도 합니다. 도심이나 공공장소에서는 당연히 줄을 착용하고 산책을 해야 합니다. 하지만 줄이 풀리는 경우가 발생하는데, 이때 만약 개가 다른 곳을 향해 뛰어간다면 매우 위험할 수 있습니다. 어쩌면 상상하기도 싫은 사건이 일어날 수도 있습니다.

때로는 인적이 드물고 차량이 없는 안전한 장소에서는 목줄을 풀고 뛰어놀 때도 있습니다. 이 경우에도 개를 부를 때 보호자 옆에 오지 않는다면 반려견과 함께 즐겁게 뛰어 놀을 수 없을뿐더러 어쩌면 개를 잡는데 하루 종일 시간을 소비해야 할지도 모릅니다.

　반드시 개를 부르면 보호자 앞에 달려올 수 있도록 교육해야만 합니다. 모든 훈련은 강아지가 가장 이해하기 쉬운 단계에서부터 시작하는 것이 좋습니다. 그다음 한 단계, 한 단계, 순차적으로 진행해 주세요.

🐾 훈련 1단계
반려견에게 가장 익숙하고 편한 장소이면서 좁은 방에서 시작하는 것이 좋습니다.

① 보상으로 사용할 간식을 준비합니다.
② 가까운 거리에서 강아지를 부르고("이리와" 또는 이름을 부릅니다) 옆에 오면 바로 간식을 줍니다(실패하지 않는 것이 중요하기 때문에 최대한 가까운 거리에서부터 시작해주세요).
③ 반복해 줍니다.

🐾 훈련 2단계

거리를 점점 늘려 가면서 진행해 주세요.

① 1~2m 짧은 거리에서 익숙해지도록 훈련해주세요.

② 반복합니다.

③ 반려견이 1~2m 거리에서 부를 때 잘 온다고 판단되면 같은 방법으로 2m, 3m, 4m와 같이 점점 거리를 늘려 갑니다.

🐾 훈련 3단계

실내에서 완벽하게 배웠다면 다른 장소에서도 가르쳐주세요.

① 다른 방이나 거실, 장소를 옮겨가며 진행합니다.

② 야외에서도 훈련합니다. 산책하면서 줄을 맨 상태에서 훈련하고 줄 길이를 늘려 진행해 주세요.

③ 울타리가 설치된 안전한 공간에서 줄을 풀고 훈련을 진행해 주세요.

🐾 "이리 와" 훈련 시 주의사항

보호자가 컨디션이 좋지 않거나 기분 나쁜 일이 있으면 절대 훈련을 하지 마세요. 이 규칙은 어떤 훈련을 하든 적용되지만 특히 강아지 이름을 부르거나 "이리 와" 훈련을 할 때는 절대 하지 말아야 합니다. 반려견은 보호자의 기분을 금방 알아챕니다.

"이리 와" 훈련 시에는 반려견을 야단치거나 때리지 마세요. 나쁜 기억과 "이리 와"라는 말을 연관 지어 두 번 다시 오지 않을지도 몰라요. 반려견이 보호자에게 오게 하는 것은 사실 교육보다는 반려견이 보호자가 좋아서 스스로 가는 것입니다. 어떤 경우라도 나쁜 기억, 나쁜 경험과 연관시키지 마세요. 예를 들면 "겨울아 이리 와"와 "발톱 자르자"의 말을 같이 하면 안 됩니다. 발톱 자르는 일이 반려견에게는 유쾌한 일이 아니기 때문입니다.

Tip

1. 실패할 경우를 만들지 마세요. 반려견을 불렀으면 반드시 올 수 있게 하세요(될 수 있으면 실수를 줄이세요. 한 번 이탈하게 되면 그다음에도 이탈할 가능성이 더욱 커져요).

2. 반려견이 왔다면 어떠한 경우라도 반드시 보상해 주세요.

3. 만약 반려견이 도망을 간다면 따라가지 마세요. 놀이로 알고 그런 행동을 즐기게 돼요.

4. 불러도 잘 오지 않는다면 낯선 장소에서 단둘이 훈련하는 것도 좋아요. 낯선 환경에서는 반려견이 당신에게 더 의지할 것입니다.

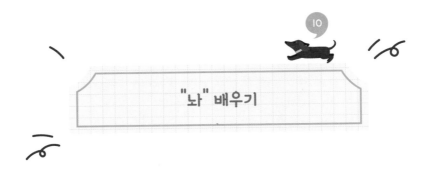

"놔" 배우기

일반적으로 많은 보호자들은 물게 하는 훈련보다는 입에 문 것을 놓게 하는 것을 어려워합니다. 그럼 어떻게 하면 입에 문 것을 쉽게 놓게 할 수 있을까요? "놔"라는 말과 함께 강아지가 물고 있던 장난감을 빼앗았다가 바로 돌려주세요. 그렇게 되면 "놔"라는 명령어 자체가 부정적인 것이 아닌 게 됩니다. 그리고 바로 다시 돌려받은 장난감은 보상이 되는 것이지요. 사람의 손이 장난감을 빼앗는 손이 아니라 주는 손이라는 것을 인식시켜주세요.

😺 훈련 1단계

① 강아지가 장난감을 물고 있을 때 "놔"라고 말하고 장난감을 놓게 합니다.

② 빼앗은 장난감을 바로 강아지에게 돌려주고 같이 놀아줍니다(터그놀이나 던지면 물어오는 놀이를 할 수 있습니다).

③ 반복합니다.

🐾 훈련 2단계

① 장난감을 2개 이상 준비합니다.

② 하나는 강아지에게 던져주고 다른 하나는 손에 들고 반려견을 유혹해보세요. 내가 물고 있는 장난감보다 보호자가 흔들고 있는 장난감이 더 매력 있어 보일 것입니다.

③ 보호자가 들고 있는 장난감을 물기 위해 물고 있던 장난감을 내려놓을 때 손에 들고 있던 장난감을 멀리 던져주세요.

④ 반려견이 장난감을 가지러 갈 때 떨어진 장난감을 집어 다시 반려견을 유혹합니다.

⑤ 반복합니다.

🐾 물고 있는 장난감 쉽게 내려놓게 하는 방법

반려견이 물고 있는 장난감을 보호자가 빼앗으려고 하면 더 꽉 물거나,

도망가거나, 잘 주지 않는 반려견들이 있습니다. 특히 소유욕이 강한 몇 몇 반려견들은 이빨을 보이고 으르렁거리는 반려견들도 있어요. 이때는 강제로 빼앗으려고 하기보다는 다른 물건이나 간식으로 유도해보세요.

 Tip

1. 훈련 마지막에는 항상 장난감을 빼앗는 것에서 끝나는 것이 아니라 장난감을 돌려주고 놀면서 끝내야 합니다. 보호자의 손이 빼앗는 게 아니라 자신에게 무언가를 주는 것이라고 스스로 인식하게 되면 "놔"라는 말에 언제든지 보호자에게 내어줄 수 있습니다.
2. 맛있는 간식으로도 물고 있던 장난감을 내려놓게 할 수 있어요. 앞에서 유혹하면 간식을 먹기 위해 장난감을 내려놓겠죠.

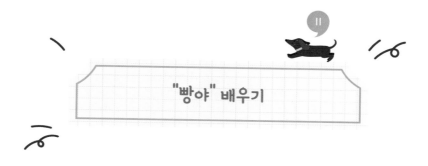

"빵야" 배우기

예능 프로그램을 보면 요즘에는 모두가 개인기를 하나쯤 가지고 있는 것을 쉽게 볼 수 있습니다. 개인기 있는 사람이 이제는 대접받는 시대이고 경쟁력이 되는 시대입니다.

우리 반려견도 마찬가지입니다. 개인기를 배워두면 반려견과 더 즐겁게 놀아줄 수 있고, 강아지를 싫어하는 손님이 집에 손님으로 방문했을 때도 쉽게 반려견에게 다가갈 수 있게 할 수 있습니다. 이번 시간에 배워볼 강아지 훈련은 개인기 "빵야"입니다. "빵야" 훈련은 강아지가 죽은 척 연기를 하는 모습을 연출하는 것입니다.

🐾 훈련 1단계

"엎드려"를 배워둔 상태라면 더 쉽게 가르칠 수 있습니다.

① 보상으로 사용할 간식을 준비합니다.

② 반려견을 엎드리도록 합니다.

③ 강아지가 엎드려있는 자세에서 손을 이용해 살짝 밀어 옆으로 누울 수 있게 도와줍니다.

④ 강아지가 옆으로 엎드려 죽은 척하는 자세가 만들어졌다면 바로 보상합니다.

⑤ 반복합니다.

🐾 훈련 2단계

강아지가 옆으로 엎드려 죽은 척하는 자세에 익숙해졌다면 아마 사람이 일부러 강아지를 옆으로 눕도록 밀어주지 않아도 손만 근처에 가도 스스로 눕는 자세를 보이게 됩니다.

① 강아지를 엎드리게 하고, 보호자는 주먹을 쥐고 엄지와 검지를 펴 총 모양을 만들어줍니다.

② 검지 끝을 강아지 옆구리 쪽에 갖다 대고 죽은 척 연기를 하면 바로 보상해 줍니다.

③ 반복합니다.

😺 훈련 3단계

마지막으로 신호(명령어, 지시어)를 알려주는 것입니다. 반려견이 "빵야" 훈련과 행동에 익숙해졌다면 마지막으로 "빵야" 신호를 알려줍니다. 지금까지는 앞에서 죽은 척 연기하는 행동을 하면 보상을 해주었지만, 지금부터는 보호자가 "빵야"라는 신호를 보냈을 때만 보상을 해줍니다.

① 손 모양을 총 모양으로 하고 강아지를 향해 발사하듯 제스처와 동시에 신호 "빵야"라고 말합니다. 강아지가 죽은 척 옆으로 엎드렸다면 칭찬과 함께 보상합니다.

② 만약 보호자의 신호가 없었는데도 죽은 척 연기를 하면 보상하지 않습니다.

③ 이런 방식으로 반복 훈련을 통해 변별력을 갖추게 됩니다.

🐾 옆으로 누우려고 하지 않고 버티는 강아지를 위한 방법

"엎드려"까지는 훈련을 잘 진행했는데 강아지를 옆으로 눕히려고 하니 반항하고 도망가고, 강아지가 힘으로 버텨서 어렵다는 분들이 많이 있습니다. 이런 분들은 같이 옆에 누워 진행해보세요. 먼저, 보호자가 옆으로 누워서 반려견을 불러 옆에 오게 합니다. 그리고 강아지를 쓰다듬어 주세요. 계속 쓰다듬어주면 강아지가 좋아서 눕기도 하고 애교도 부리는데, 이때 내가 원하는 "빵야" 자세가 나오면 바로 잘했다고 칭찬과 보상을 해주면 됩니다.

 Tip

사람의 손을 거부하거나 버티려고 하면 엎드려 상태에서 간식을 이용해 옆으로 눕도록 유도할 수 있어요.

강아지와 함께하는
즐거운 훈련 놀이

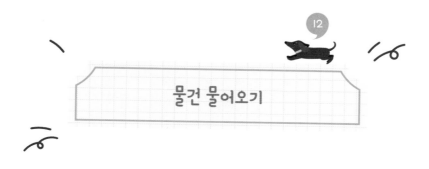

물건 물어오기

개와 사람은 옛날부터 서로 도우면서 살아왔습니다. 개는 사람을 안전하게 보호하고, 썰매를 대신 끌어주기도 하고, 사냥을 돕기도 합니다. 그리고 가축을 키우는데도 많은 도움을 주었습니다. 사람은 개들에게 먹이를 제공해주고, 안전한 집을 제공하는 등으로 서로 도와 가며 살아왔습니다. 지금도 많은 개들이 사람을 위해 일을 하고 있지만 가정에서 생활하는 반려견들은 그렇지 않은 개들이 너무 많습니다. 때가 되면 주는 밥을 먹고, 때가 되면 잠을 자고, 이렇게 매일 똑같이 무료한 생활이 반복되면서 많은 문제 행동이 발생하고 있습니다. 반려견도 일이 필요합니다. 열심히 일한 반려견이 건강하고 행복한 것은 분명한 사실입니다.

이번에 배워볼 훈련은 물건 물어오기 훈련입니다. 물건 물어오기를 배워두면 응용해서 반려견에게 간단한 심부름을 시킬 수도 있습니다. 리모컨을 물어 오게 할 수도 있고, 산책 줄을 직접 가지고 오도록 훈련할 수도 있습니다. 밖에 나가서 공놀이나 원반던지기도 쉽게 가르칠 수 있습니다.

🐾 훈련 1단계

사전에 "놔" 훈련을 배웠다면 더 쉽게 가르칠 수 있습니다. 짧은 거리에 서부터 시작하고 물건을 물고 앞에 가져다줄 때 바로 앞에 떨어뜨리지 않아도 보상해 줍니다.

① 장난감을 던져 물어오게 합니다.
② 강아지를 부릅니다.
③ "놔"라고 말하고 장난감을 떨어뜨리면 다시 멀리 던져줍니다.
④ 반복합니다.

🐾 훈련 2단계

반복 훈련으로 1단계 훈련에 익숙해졌다면 장난감을 더 멀리 던져주세요.

강아지와 함께하는
즐거운 훈련 놀이

① 장난감을 던져 물어오게 합니다. 이번에는 더 멀리 던져보세요.

② 강아지를 부릅니다.

③ "놔"라고 말하고 장난감을 떨어뜨리면 보상합니다. 이때 1단계에서는 가지고 와서 근처에 떨어뜨리기만 하면 보상을 주었지만 2단계 훈련에서는 점점 보호자와 가까운 거리에 떨어뜨렸을 때만 보상을 합니다. 나중에는 보호자의 손 위에 올려놓는 것까지 연습해보세요.

④ 다시 장난감을 던져 반복합니다.

🐾 훈련 3단계

① 특정 장난감 또는 물건에 이름을 붙여 가지고 올 수 있게 연습합니다.

② 특정 물건에 대한 이름을 반려견이 인식했다면 이번에는 물건을 던지는 게 아니라 멀리 떨어져 있는 물건을 가지고 오게 연습합니다.

③ 다음 단계는 물건을 숨겨 놓고 찾아오게 연습합니다. 이는 반려견이 정말 재밌어하는 놀이 중 하나입니다. 잘 가지고 오면 언제나 칭찬과 보상은 필수입니다.

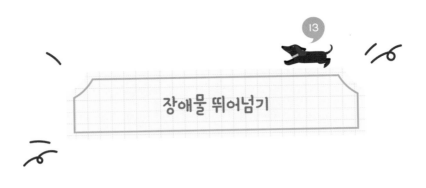

장애물 뛰어넘기

이번 시간에는 강아지 장애물 뛰어넘기(어질리티)에 대해 배워보겠습니다. 반려견 스포츠 중 하나인 어질리티 중에서도 집에서 가장 간단하게 배울 수 있는 훈련 놀이로는 허들 뛰어넘기가 있습니다. 훈련을 위해선 먼저 장애물(허들)이 필요로 합니다. 판매하고 있는 제품을 구매하는 것도 좋지만 집에서도 얼마든지 간단하게 만들 수 있습니다.

어떤 훈련이든 처음 강아지에게 무엇을 가르칠 때는 강아지가 이해할 수 있도록 제일 쉬운 단계부터 시작하는 것이 가장 좋습니다. 그래서 강아지를 훈련하는 분들은 어떻게 하면 강아지가 이해하고 알아들을 수 있을까를 항상 고민하고 노력해야 합니다. 그렇다면 처음 허들 훈련을 배우는 강아지한테는 어떻게 가르쳐 줄 수 있을까요? 그 방법은 높이를 가장 낮은 단계에서부터 점차 높여주면 됩니다. 바닥에서부터 시작해서 아주 조금씩 높이를 높여가면서 훈련해봅시다.

🐾 훈련 1단계

① 허들과 보상으로 사용할 간식을 준비합니다.

② 허들 앞에 반려견을 앉아서 대기시켜 줍니다.

③ 허들의 지지대와 막대기를 분리하고 막대기를 바닥에 내려놓습니다.

④ 바닥에 내려놓은 막대기를 강아지가 지나갈 수 있게 합니다.

⑤ 막대기를 지나가는 동시에 보상해 줍니다.

⑥ 반복합니다.

🐾 훈련 2단계

바닥에 놓인 막대기를 지나가면 보상을 받을 수 있다는 것을 알게 되었다면 높이를 조금씩 높여줍니다. 이때 중요한 것은 갑작스럽게 높이기 보다는 순차적으로 아주 조금씩 높이를 높여가면서 적정 높이까지 훈련합니다.

🐾 훈련 3단계

마지막으로 신호(명령어, 지시어)를 알려주는 것입니다. 2단계까지 강아지가 완벽하게 이해하고 잘 뛰어넘으면 "뛰어" 신호를 알려줍니다.

🐾 난이도를 단계별로 높여 훈련하기

높이 단계별로 허들을 여러 개 설치해 훈련해보세요. 훈련은 응용입니다. 허들 뛰어넘기를 배웠으면 링(타이어) 뛰어넘기나, 판벽 뛰어넘기도 쉽게 가르칠 수 있습니다. 실내에서 허들 뛰어넘기가 능숙해졌다면 밖으로 나가서 도전해봅시다. 그리고 다양한 종목에 도전해보세요. 보호자와 함께 할 수 있는 놀이에 반려견도 즐거워하고 재미있어합니다.

🐕 Tip

평소 산책을 자주 해서 나뭇가지도 넘어보고, 돌도 밟아보고, 자연환경에서 다양한 경험을 해본 강아지의 경우에는 처음부터 쉽게 이해하고 배울 수 있습니다.

강아지와 함께하는
즐거운 훈련 놀이

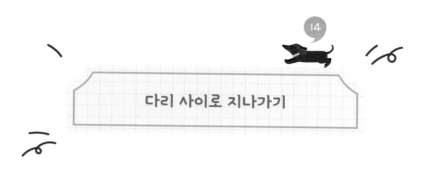

다리 사이로 지나가기

다리 사이로 지나가기는 어질리티 종목 중 하나인 위브폴 훈련을 응용해서 만든 강아지 개인기 훈련입니다.

😊 훈련 1단계
보호자 다리 사이로 지나가면 보상해 주세요.

① 보상으로 사용할 간식을 준비합니다.

② 보호자는 서있는 상태에서 한 발을 앞으로 내밀어 주세요.

③ 간식을 손에 쥐고 반려견이 보호자 다리 사이로 지나갈 수 있게 유도합니다.

④ 반려견이 보호자 다리 사이로 지나가면 잘했다고 보상해 주세요.

⑤ 반복합니다.

🐾 훈련 2단계

반려견이 다리 사이로 지나가는 것에 익숙해졌다면 한 발짝 더 나아가 보세요.

① 반려견이 보호자 다리 사이로 지나가면 잘했다고 보상해 주세요.
② 한 발짝 더 앞으로 나가서 다시 다리를 벌리고 반려견을 유혹해 다리 사이로 지나갈 수 있게 유도하고 보상합니다.
③ 다리 사이로 지나가기에 익숙해졌다면 "사이로" 신호(명령어, 지시어)를 알려주세요.
④ 반복합니다.

🐾 훈련 3단계

① 한 걸음, 한 걸음 계속해서 앞으로 나아가면서 훈련 시켜주세요.
② 천천히 걸어가면서 지그재그로 반려견이 다리 사이로 지나갈 수 있게 훈련하세요.
③ 일반적인 걸음 속도에 맞춰 다리 사이로 지나갈 수 있게 훈련합니다.

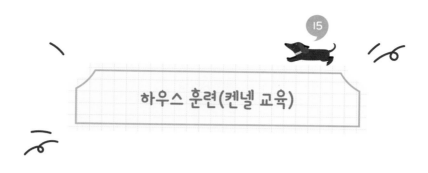

개도 사람만큼이나 심리적 안정을 위해 자신만의 쉴 수 있는 공간이 필요합니다. 사람과 함께 한집에서 사는데 굳이 따로 개집을 마련해 줄 필요가 있을까 하고 의문이 들 수 있지만, 내 집이 있는 것과 내 방이 따로 있는 것은 분명 다릅니다. 내 방이 있어야 편안하게 쉴 수 있습니다. 개도 마찬가지입니다. 자신만의 안전하고 보호받을 수 있는 안락하고 편안한 집을 마련해주세요.

😺 훈련 1단계

스스로 들어갈 수 있게 도와주세요. 내 집, 내 방은 어떤 의미이며, 어떤 공간인가요? 반려견에게도 개집은 내 집, 내 방과 같은 의미의 공간이어야만 합니다. 가장 안전하고, 가장 보호받을 수 있으며, 가장 편안한 공간이라고 느낄 수 있게 만들어준다면 따로 훈련이나 교육이 필요 없어도 스스로 들어가 쉬고 잠을 자게 됩니다.

① 반려견이 가장 편하게 쉴 수 있는 공간에 하우스 위치를 정해줍니다

(현관문 앞이나 방문 앞 등 사람들이 자주 이동하는 곳은 피해주세요).

② 하우스 안에 방석이나 담요를 깔아주세요.

③ 하우스 안에 반려견이 좋아하는 간식이나 장난감을 넣어주세요.

④ 반려견이 하우스 안으로 들어가면 잘했다고 칭찬하고 보상해 주세요.

🐾 훈련 2단계

반려견이 스스로 하우스 안이 안락하고 편안하며 외부로부터 안전한 공간이라고 충분히 인식했나요? 그렇다면 다음 단계를 진행합니다.

① 보상으로 사용할 간식을 준비합니다.

② 간식을 하우스 안에 던져줍니다.

③ 반려견이 하우스 안에 들어가면 잘했다고 칭찬해 주세요.

④ 반복해 주세요.

🐾 훈련 3단계

이제 반려견은 하우스 안에 들어가면 간식도 있고, 장난감도 있으니 마치 보물창고처럼 생각하고 있을지도 모릅니다. 들어갔다 나오는 것을 수시로 반복하는 반려견들도 있습니다. 2단계 훈련에서는 간식을 안에 던져 하우스 안에 들어갈 수 있게 도와주었다면, 3단계 훈련에서는 간식이나 장난감 없이 들어갔을 때 보상을 해줍니다.

① 하우스 안에 들어가면 잘했다고 칭찬하고 간식을 줍니다.
② 반복합니다(반복 훈련으로 익숙해졌다면 신호 "하우스"를 알려주세요).
③ "하우스"라고 말하고 안에 들어가면 간식을 주세요.
④ 반복해 주세요.

🐕 Tip 이런 방법도 있어요

1. 개집 안에 간식이나 장난감을 넣고, 문을 닫습니다.
2. 좋아하는 간식과 장난감이 안에 들어 있는 것을 보고 개는 관심을 가질 것입니다.
3. 개가 들어가고 싶어 문을 긁기 시작하면 문을 열어줍니다.
4. 개가 들어갔을 때 칭찬하는 것도 잊지 마세요!

5. 평소에도 반려견이 보고 있지 않을 때 개껌 등의 맛있는 간식(빨리 부패하는 음식은 피해주세요) 또는 장난감을 하우스 안에 숨겨두세요. 반려견 입장에서는 그냥 쉬려고 들어갔을 뿐인데 맛있는 간식과 장난감을 보고 보물을 발견한 기분일 것입니다.

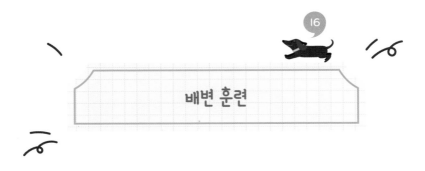

배변 훈련

반려견을 키우는 보호자 분들에게 가장 기본이지만 또 가장 많이 고민되는, 쉬우면서도 어려운 것이 바로 배변 훈련입니다. 여기서 말하는 배변 훈련은 실내 배변 훈련을 말합니다. 사실 실내 배변 훈련은 개의 입장에서 그렇게 유쾌한 것도 아니며, 개인적으로도 별로 추천하고 싶지 않은 방법입니다. 가장 좋은 방법은 실외 배변을 하는 것이 개의 입장에서도 좋고, 사람의 입장에서도 실내 환경을 보다 깨끗하게 유지할 수 있는 최상의 방법입니다.

그럼에도 불구하고 실내 배변 훈련은 꼭 필요합니다. 그 이유는 첫 번째, 반려견을 유기하는 가장 큰 원인 중 하나가 바로 배변 훈련이 안 되어 있기 때문입니다. 두 번째는 개라는 동물은 실내 배변을 그렇게 좋아하지 않습니다. 개들은 본래 자신이 먹고 자는 공간에서는 배변 활동을 하지 않습니다. 질병과 외부로부터의 침입에 취약해지기 때문이죠. 실외 배변을 하는 강아지가 신체적으로나 정신적으로 건강합니다.

그러나 실외 배변을 하는 많은 개 중에서 실내에서는 전혀 배변 활동을 하지 않는 개들도 있는데, 여기서 문제가 발생합니다. 1인 가구 증가와 너무나 바쁘게 생활하는 현대인에게 매일 2~3회 이상 산책하는 것은 조금 어려울 수 있기 때문입니다. 또 장마나, 태풍 등 어쩔 수 없는 자연재해, 또는 부득이한 사유로 개를 돌볼 수 없는 경우가 발생하기도 합니다. 실외 배변만 고집하는 반려견이 밖에 나가는 횟수가 줄어 배변을 참게 되면 오히려 건강에 악영향을 줄 수 있습니다.

실외 배변을 하는 반려견의 경우 밖에 나가지 못할 경우 억지로 배변을 참게 되고, 배변을 참기 위해 밥이나 물을 먹지 않는 강아지들도 있습니다. 억지로 배변을 참게 되면 결석이나 방광염에 걸릴 수 있어 억지로 참는 것은 반려견의 건강에 좋지 않습니다. 그렇기 때문에 여건이 된다면 될 수 있는 한 반려견의 배변은 실외에서 할 수 있게 하되, 동시에 실내에서도 배변할 수 있도록 해야 합니다.

훈련에 앞서 우리 강아지가 언제, 어느 때 배변, 배뇨를 느끼는지 꼼꼼히 체크해놓는다면 훈련하기 편합니다. 보통 개들은 식사나 물을 마시고 나서, 운동이나 산책 등 활발한 움직임 뒤, 한 장소에 오랜 시간 머물러 있거나 자고 일어나서 1시간 이내에 배변 활동을 하는 습성이 있습니다. 개들의 습성을 잘 이해한다면 배변 훈련할 때 타이밍 잡기가 좀 더 수월할 것입니다.

🐾 배변 훈련 배워보기

① 배변패드 또는 배변판과 보상으로 사용할 간식을 준비합니다.

② 식사하고 난 뒤(또는 물을 마시거나 자고 일어난 뒤, 놀이나 운동을 한 뒤) 배변 활동이 일어나기 전에 강아지를 하우스(켄넬) 안에 들어가게 하고 문을 닫습니다(반드시 사전에 하우스 교육이 선행되어야 하고, 하우스 안에서 편하게 쉴 수 있게 교육되어 있어야 합니다. 다만 켄넬을 이용한 하나의 방법을 예시했을 뿐, 필수 사항은 아닙니다).

③ 30분 정도 기다렸다가 문을 열어주고 배변 장소로 이동합니다(그 전에 배변 활동의 징후가 보이면 바로 문을 열어주고 배변 장소로 이동합니다).

④ 배변 장소 위에서 배변을 볼 때까지 기다려 줍니다.

⑤ 원하는 장소에 배변을 잘했다면 간식을 보상으로 주세요. 배변을 보지 않는다면 기다렸다 다시 진행합니다. 배변을 원하는 장소가 아닌

다른 장소에 한 경우에는 강아지를 하우스 안에서 대기하게 하고 반려견이 보지 않게 깨끗이 치워주세요.

⑥ 배변에 성공할 때마다 보상해 주세요.

🐾 배변 장소를 인식하지 못할 때

① 반려견이 주로 활동하는 곳 전체에 배변패드를 여러 장 깔아주세요. 어쩔 수 없이 배변패드 위에서 용변을 보게 됩니다.

② 보상해 주세요.

③ 같은 방법으로 반복하되 집안 전체에 깔아주었던 배변패드를 한 장씩 제거해주세요.

④ 한 장, 한 장 제거하면서 반려견이 배변패드 위에 용변을 볼 때마다 보상해 주세요.

⑤ 반복하면 한 장의 배변패드 위에서도 실수하지 않고 배변을 합니다.

🐾 배변 훈련 시 주의사항

1. 실수해도 절대 혼내지 마세요

반려견은 혼을 내도 왜 혼이 나는지 알지 못합니다. 칭찬과 보상으로 배

강아지와 함께하는
즐거운 훈련 놀이

우게 됩니다. 다만 배변과 처벌을 연관 지어 배변은 하면 안 되는 것으로 생각해 배변을 참았다가 보호자가 없을 때 하거나, 보이지 않는 곳에 숨어서 몰래 하기도 합니다. 심할 경우 자신이 본 용변을 숨기기 위해 먹어 치우는 강아지들도 있습니다.

2. 화장실은 항상 청결하게, 집과 먹는 장소와 떨어져 있거나 분리해 주세요

반려견의 배변 활동을 돕기 위해 배변 장소에 용변을 묻히는 경우도 있습니다. 하지만 반려견은 자신의 배변 위에 다시 배변을 보지 않습니다. 또 배변을 위해 사전에 빙글빙글 도는 행동을 하는데 주위가 더럽거나 용변이 그대로 있으면 행동에 지장을 줍니다. 개는 냄새로 세상을 본다는 말이 있듯 후각에 매우 민감합니다. 주위가 청결하지 못하면 주위 전체가 화장실인 줄 알고 실수할 확률이 더 높습니다. 항상 청결하게 유지하고 자주 치워주세요. 화장실 안에서 밥을 먹고 잠을 잔다고 생각해보세요. 반려견은 태생부터 청결한 동물입니다.

3. 특별한 경우를 제외하고는 화장실 위치나 재질을 변경하지 마세요

개는 특히 공간과 감촉(발바닥 촉감)에 매우 민감합니다. 발바닥의 촉감으로 배변 장소가 결정되기 때문에 반려견들이 혼란스러워 할 수 있습니다.

간혹 반려견의 크기에 비해 너무 작은 면적의 배변패드를 사용하면서 매번 실수한다고 불만을 토로하시는 보호자들이 있습니다. 반려견들은 얼마든지 실수할 수 있습니다. 하지만 실수를 그냥 방관해서는 안 됩니다. 그렇다고 혼을 내거나 때리면 더욱 안 됩니다. 우리가 할 수 있는 것은 최대한 실수하지 않게 방법을 찾고 도와주는 것입니다.

5. 배변 장소는 안전한 곳으로 정해주세요

배변할 때 반려견은 외부로부터 공격에 취약하다는 것을 잘 알고 있습니다. 사람의 통행이 별로 없고 사방이 가려진 안전하고 편안한 곳에 배변 장소를 정해주세요. 배변 훈련 전에 배변 장소에서 간식을 주면서 이곳은 안전하고 편안한 장소라고 알려주세요. 다만 과도한 스킨십이나 놀이는 그곳이 배변하는 곳이 아닌 다른 장소로 인식할 수 있기 때문에 안전하고 편안한 장소라고만 알려주면 됩니다.

Tip

> 1. 자유 급식보다는 정해진 시간에 밥을 주세요(배변 활동 시간을 예측하기 쉬워집니다).

2. 반려견의 생활을 구체적으로 기록해봅시다(언제, 어느 때 배변, 배뇨하는지 예측하기 쉬워 배변 훈련을 수월하게 가르칠 수 있어요).

3. 생후 14주 이전의 강아지들은 괄약근 조절이 완벽하지 못해 배변을 참는 게 어려울 수 있습니다.

4. 정해준 장소나 재질을 배변하는 곳이라고 잘 이해하지 못할 때, 실외 배변만 고집하는 반려견이라면 자연환경과 유사한 재질의 배변패드를 준비해보세요. 요즘에는 천연잔디를 이용한 천연잔디 배변판도 만들어 판매되고 있습니다.

5. 배변패드를 두껍게, 여러 장 겹쳐 깔아줘 보세요. 밖에 나가서 풀밭을 밟는 것과 같이 푹신푹신한 느낌을 받을 수 있어요. 이불 위에서 배변을 보는 이유도 같은 이유일 수 있어요.

산책 훈련

누구나 반려견과 함께 여유롭게 산책하는 것을 꿈꾸지만, 생각보다 많은 보호자들이 반려견과 산책하는 데 어려움을 호소합니다. 산책은 반려견의 삶에 있어 매우 중요한 부분을 차지하고 있습니다. 그렇기에 산책은 즐거워야 합니다. 그런데 우리 반려견은 어떤가요? 산책하기 위해 옷을 입거나, 줄을 들면 과도하게 흥분하고 있지는 않은가요? 이런 모습을 보고 우리 집 반려견은 똑똑한 반려견이라며 칭찬하고 남들에게 자랑하고 있지는 않으신지요?

과도하게 흥분하고 있다면 그것은 반려견에게 스트레스가 될 수 있습니다. 줄을 매고 밖으로 나가면 또 어떤가요? 반려견에게 끌려다니고, 주위에 산책 나온 다른 사람이나 동물들을 보고 달려들며 짖고, 산책 시간 내내 이렇게 반려견에게 끌려만 다니다 녹초가 되어 집으로 돌아오는 분들이 너무 많습니다. 산책도 훈련이 필요합니다. 올바른 산책으로 보호자와 반려견 모두 즐겁고 행복한 시간이 되기를 희망합니다.

🐾 산책하기 전 과도하게 흥분하는 반려견

산책하기도 전에 반려견의 과도한 흥분으로 줄을 매는 것부터 힘들어하는 분들이 많습니다. 과도한 흥분상태에서 바로 밖으로 나가면 흥분하는 행동 자체에 대한 보상이 될 수 있습니다. 반려견이 흥분을 가라앉힐 때까지 기다려 주세요.

① 줄을 잡고 반려견이 흥분을 가라앉힐 때까지 기다려 주세요(아무리 기다려도 반려견의 흥분이 가라앉지 않는다면 줄을 다시 원래 자리에 위치시키고 잠시 기다렸다 다시 시도합니다).

② 흥분을 가라앉히고 얌전해졌다면 줄을 매고 문밖으로 나갑니다.

③ 산책을 바로 하지 말고 다시 집 안으로 들어와 잠시 기다리고 처음부터 다시 훈련을 진행합니다.

④ 반복해 주세요.

🐾 반려견이 줄을 당겨 앞으로만 나가는 반려견

팽팽하게 당겨진 줄은 반려견의 긴장과 흥분을 높일 수 있습니다. 반대로 줄을 당기려고만 하지 말고 여유롭게 줄 길이를 조금 늘려 반려견의 행동반경을 넓혀주는 것도 때로는 도움이 될 수 있습니다. 반려견이 줄을 당겨 앞으로만 가려고 한다면 끌려가지 말고 제자리에 멈춰서야 합니다. 개들은 방향을 전환할 때 가려는 방향으로 먼저 시선이 돌아갑니다. 줄이 당겨져 목이 불편한 반려견은 보호자 쪽을 바라보게 될 것입니다.

① 반려견이 앞으로 잡아끌면 그대로 끌려가지 말고 그 자리에서 멈춥니다.

② 줄이 당겨진 반려견은 목이 조여지고 불편함을 느껴 뒤를 돌아봅니다.

③ 칭찬 및 보상합니다.

④ 반려견이 가려는 반대 방향으로 돌아 걷습니다.

⑤ 칭찬 및 보상합니다.

⑥ 반복해 주세요.

▶ 반려견이 보호자 옆에서 여유롭게 산책을 할 수 있을 때까지 짧은 줄을 이용해 보호자 바로 옆에 붙어 걸을 수 있게 훈련하는 것도 도움이 됩니다.

🐾 산책 훈련의 응용

1. 짖는 개 & 무는 개

산책 중에 작은 동물을 보고 짖거나 달려가 물려고 할 때 하지 못하게 소리 지르기보다는 반대 방향으로 돌아 걸어갑니다. 흥분한 상태에서 보호자의 소리는 잘 들리지도 않고 반대로 응원의 목소리로 들려 더 크게 짖고 더 심하게 달려들려고 할 수 있습니다. 내 반려견이 다른 동물과 친하지 않다고 판단되면 무리하게 만나려고 하지 마세요. 만남도 준비가 필요합니다.

2. 바닥에 떨어진 것을 주워 먹는 개

바닥에 일부러 간식을 떨어뜨리고 그 주위를 지나갑니다. 반려견이 바닥의 간식을 주워 먹으려고 하는 찰나에 정지하고 반대 방향으로 돌아갑니다. 여러 번 반복 시행하면 바닥에 떨어져 있는 것을 주워 먹는 버릇을 고칠 수 있습니다.

반려견을 키우면 산책을 꼭 해야 한다는 의무감에 어쩔 수 없이 산책하는 분들도 있습니다. 실외 배변을 해야 하니까 잠깐 나갔다가 용변만 보면 바로 돌아오는 분들, 보호자와 반려견 모두 여유라고는 찾아볼 수 없는 그냥 어느 한쪽에 끌려 동네 한 바퀴를 급하게 돌고 들어오는 경우도 많습니다.

반려견에게 있어 산책은 단순히 운동하는 것과는 조금 다릅니다. 산책을 통해 걷고, 뛰면서, 쌓인 에너지를 방출하고, 스트레스를 해소합니다. 후각 활동을 통해 흙, 풀, 꽃, 바람 등의 냄새를 맡고, 다른 개들이나 동물들의 정보를 얻기도 합니다. 이러한 활동을 통해 즐거움을 찾는 것입니다. 보호자가 가고자 하는 방향으로 반려견을 유도할 수 있어야 하지만 반려견에게도 냄새를 맡을 여유를 줄 수 있어야 합니다. 함께 공원 벤치에 앉아 잠시 쉬는 것도 산책의 일부입니다. 산책은 반려견 혼자 하는 것이 아니라 보호자와 함께 하는 것입니다. 어느 한쪽의 일방적인 요구가 아닌 서로 여유롭게 즐기는 산책이 되었으면 좋겠습니다.

 Tip

1. 과도한 흥분은 산책을 자주 하지 못하는 반려견에서 자주 나타나기도 합니다. 여건이 된다면 산책은 매일 하는 게 좋습니다.
2. 적절한 냄새 맡기와 마킹도 산책의 일부이며 긍정적인 요인이 되기도 하지만 너무 과도하게 냄새 맡기에만 집착을 하거나 과도한 마킹은 반대로

스트레스의 원인이 될 수 있습니다.

3. 맹견 또는 공격성이 있는 반려견이라면 입마개를 꼭 착용해주세요.

4. 반려견과 산책할 때는 지켜야 할 몇 가지 펫티켓이 있습니다. 꼭 지켜주세요(강아지 에티켓 참고).

5. 면역력이 약한 어린 강아지나, 노견의 경우에는 보호자가 안고 나가거나 유모차에 태워 산책하는 것도 도움이 될 수 있습니다.

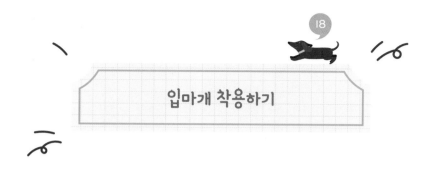

입마개 착용하기

이제 국내에서도 동물보호법에 따라 맹견으로 분류되는 다섯 견종 및 그 잡종의 개들은 외출 및 산책 시 입마개 착용이 의무화되었습니다. 꼭 맹견에 분류되는 견종이 아니더라도 우리 반려견이 다른 동물이나 사람에게 공격적인 성향을 보인다면 필수적으로 착용해야 합니다.

이 외에도 동물병원 방문이나, 미용을 위한 목적으로 반려견을 맡길 경우 입마개 착용이 필요할 수 있습니다. 내 반려견은 공격적인 성향이 없어 입마개 착용과는 아무런 관련이 없다고 생각하는 일부의 사람도 있는데, 잠재적인 위험과 특수한 상황에서는 입마개를 착용해야 하는 경우도 발생할 수 있습니다. 무엇보다 입마개는 타인과 다른 동물들의 생명과 안전에 관련된 것이기 때문에 반려견을 키우는 모든 보호자들은 필수 사항으로 입마개 교육을 하길 권장합니다.

*국내에서 맹견으로 분류된 다섯 견종

① 도사견과 그 잡종의 개

② 아메리칸 핏불테리어와 그 잡종의 개

③ 아메리칸 스태퍼드셔 테리어와 그 잡종의 개

④ 스태퍼드셔 불테리어와 그 잡종의 개

⑤ 로트와일러와 그 잡종의 개

😺 훈련 1단계

입마개 착용은 개의 입장에서는 내가 이걸 왜 해야 하는지 이해하지도 못할뿐더러 유쾌하지도 않아 하고 매우 불편해합니다. 그렇기 때문에 강제로 씌우려고 할 경우 오히려 공격성을 유발하는 행동이 될 수도 있습니다. 훈련의 첫 단계는 입마개와 친해져야 합니다.

① 내 반려견에게 맞는 입마개와 보상으로 사용할 간식을 준비합니다.

② 한 손으로 입마개를 잡고, 입마개 안에 간식을 넣어 반려견 스스로 주

둥이를 넣어 먹을 수 있게 유도합니다.

③ 반복합니다.

🐾 **훈련 2단계**

① 입마개에 대한 거부감이 없어지고 스스로 입마개 안에 주둥이를 넣는 행동이 가능해졌다면 지금부터는 입마개 안에 간식이 없어도 스스로 주둥이를 넣으면 간식으로 보상해 줍니다.

② 반복합니다.

🐾 **훈련 3단계**

① 입마개 안에 주둥이를 넣는 행동까지 거부감이 없다면 잠금장치를 채웠다가 바로 풀어줍니다.

② 반복합니다.

③ 잠금장치에 대한 거부감도 없어졌다면 줄을 채우는 시간을 조금씩 늘려가면서 보상해 줍니다.

④ 반복 교육을 통해 장시간 착용할 수 있도록 합니다.

🐾 입마개 착용 시 주의사항

사람은 더우면 땀을 흘려 체온조절을 하지만 개들은 사람과 달리 피부에 땀샘이 없어 땀을 흘려 열을 낮출 수가 없습니다. 그래서 입을 벌리고 혀를 쭉 내밀어 "헥헥" 거리는 팬팅 호흡으로 체온조절을 합니다. 하지만 입마개 착용이 팬팅 호흡을 방해하는 역할을 하기도 하는데요. 입마개를 착용하고 무더위 산책 또는 과도한 운동은 피하는 것이 좋습니다.

🐕 Tip

1. 평소에도 반려견이 입마개 착용을 편안한 상태로 유지할 수 있도록 집안에서도 입마개 착용을 습관 들여주세요.
2. 위급 시 또는 급하게 입마개가 필요한데 준비되어 있지 않다면 끈이나 손수건, 헝겊 등을 이용하여 임시로 묶어 사용할 수도 있습니다.
3. 입마개 착용 상태에서도 입을 조금 벌릴 수 있고 물도 마실 수 있는 제품을 선택해 주세요.
4. 착용했을 때 너무 헐렁하거나 잠금장치가 풀릴 수 있는 제품은 피해주세요.

노즈워크

노즈워크(Nose Work)는 개의 후각을 활용한 모든 활동이나 일을 말합니다. 사람들은 눈으로 세상을 바라보지만, 개들은 후각을 이용해 냄새로 세상을 바라보고 이해합니다. 지금의 반려견들은 때가 되면 사람이 주는 먹이를 받아먹으면 그만이지만 자연에서의 개들은 먹이를 찾기 위해 사냥을 해야만 했습니다. 초식 동물의 냄새를 맡고 추적하는 활동도 노즈워크의 일부라고 보시면 됩니다. 산책할 때 흙과 풀의 냄새를 맡기도 하고, 다른 강아지들이 남겨둔 마킹의 흔적을 냄새로 구별하기도 합니다. 그 외에도 노즈워크 활동은 우리 주위에서 아주 흔하게 일상적으로 행해지고 있습니다.

노즈워크는 개라는 동물에게 있어 아주 자연스럽고 일상적인 활동입니다.

그런데 아이러니하게도 우리는 개의 이런 후각 활동을 방해하고 있습니다. 아주 대표적인 예로 먹이를 먹기 위한 사전의 활동을 없애버렸고, 산책할 때 더럽다는 이유로 바닥의 여러 냄새를 맡는 행동을 제지하고 있습니다. 이렇게 제한된 활동을 하는 반려견에게서는 많은 행동상의 문제가 나타나고, 우리는 다시 반려견들의 수많은 문제 행동을 교정하기 위해 노즈워크를 놀이나 훈련으로 만들어 개선하는 데 사용하고 있습니다.

올바른 산책만으로도 우리가 말하는 반려견들의 문제 행동의 70% 이상이 개선될 수 있다고 합니다. 산책 안에는 노즈워크 활동이 포함되어 있습니다. 그만큼 개에게 있어 노즈워크 활동은 매우 당연한 개의 일상적인 활동이며 매우 큰 비중을 차지합니다.

🐾 노즈워크가 반려견에게 주는 효과의 이점

1. 스트레스 해소에 도움을 줍니다

냄새를 맡는 후각 활동은 긍정적인 많은 에너지를 소비시킵니다. 노즈워크 활동으로 쌓여있는 에너지를 소모하고 활동량을 충족시켜 줍니다.

2. 집중력 발달에 도움을 줍니다

숨겨져 있는 간식을 찾는 행동은 반려견에게 쉬운 활동이기도 하면서 어렵고 흥미를 유발하기도 합니다. 이 과정으로 호기심을 충족해주고, 집중력을 높여줍니다.

3. 보호자와의 신뢰와 교감을 쌓는 데 도움을 줍니다

반려견이 숨겨진 간식을 찾을 때마다 보호자는 칭찬하고 응원을 해주는 과정에서 신뢰와 교감이 쌓이게 됩니다.

4. 급하게 먹는 습관을 고칠 수 있습니다

사실 대부분의 반려견들은 급하게 먹고 한 번에 많은 양을 먹으며 식탐이 강합니다. 하지만 그중에서도 유독 심한 반려견들이 있는데 목에 걸리거나 소화불량을 일으키는 경우도 발생합니다. 그런 강아지들에게 먹이를 줄 때, 사료를 바닥에 뿌려주거나 숨겨두고 찾아 먹게 하는 방법도 있고, 노즈워크 장난감을 이용하는 것도 하나의 방법이 될 수 있습니다.

5. 문제 행동 개선에 도움을 줍니다

노즈워크 활동은 반려견의 스트레스 해소와 호기심을 충족해주고, 집중력을 높여줍니다. 반려견의 문제 행동은 대부분 풀지 못해 쌓인 에너지와 스트레스, 활발한 호기심에 의해 나타나는 나쁜 습관들이 많습니다. 분리불안, 물고 뜯는 행동, 짖거나 공격적인 행동 등 그 외에도 많은 반려견 문제 행동 개선을 위해 활용되고 있으며, 반려견의 정신 및 신체 발달에 많은 도움을 줍니다.

🐾 주의사항

냄새 맡기, 노즈워크의 중요성이 부각 되면서 반려견에게 산책 내내 냄새를 맡게 해주는 분들이 있습니다. 이러한 행동은 냄새를 맡는 것에 집착하는 반려견이 될 수 있고, 집착에 가까울 정도로 냄새를 맡는 반려견은 오히려 불안정한 심리상태가 될 수 있습니다.

🐾 노즈워크 장난감 만들기

최근 반려견을 키우는 사람들에게 노즈워크의 인기가 높아지면서 관련 상품과 용품도 같이 인기가 많아지고 있습니다. 판매하고 있는 상품을 구매하는 것도 좋지만, 문제는 너무 고가의 상품이 많아 노즈워크를 못한다는 분들도 많습니다. 하지만 노즈워크라고 해서 특별한 장난감이 필요한 게 아닙니다. 위에도 말씀드렸듯 노즈워크는 코를 이용한 활동입니다. 특별한 장난감이 없어도 집에서도 얼마든지 할 수 있는 놀이입니다.

① A4용지를 4~8등분 해 여러 장 자릅니다. 종이 안에 작은 간식이나 사료를 넣고 감싸서 구겨 주고 바닥에 뿌려주거나 집안 구석구석에 숨겨줍니다. 다 사용하고 남은 휴지심이나, 종이컵, 일회용 생수 컵을 사용할 수도 있습니다.

② 안 쓰는 양말, 옷, 담요 안에 간식을 숨겨 강아지가 찾도록 도와주세요.

③ 작은 박스 안에 간식을 숨겨서 사용할 수 있습니다. 그 외 주위에 있는 물건을 이용해 얼마든지 응용해 만들어 사용할 수 있습니다.

🐾 Tip

1. 점점 난이도를 올려주세요. 강아지가 더 즐거워해요.
2. 밖으로 나가 풀숲이나 잔디 속에 간식을 숨겨 찾게 해주세요. 땅을 파서 안에 장난감을 넣어 숨기고 찾게 할 수도 있습니다. 실내에서 하는 것보다 더 큰 재미와 흥미를 유발할 수 있어요.

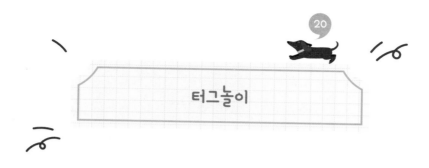

터그놀이

'터그놀이'의 터그(Tug)는 '여러 번 잡아당기다', '끌어당기다'라는 뜻입니다. 사전적 의미 그대로 보호자와 반려견이 함께 장난감이나 천을 이용해 줄다리기하듯이 서로 물고 잡아당기는 놀이를 말합니다.

개들은 본능적으로 좋아하는 물건이나 장난감을 물고 씹는 행동을 하기도 하며, 빠르게 움직이는 물체에 대한 관심이나 반응이 뛰어나 사냥하듯 달려가 물려는 습성이 있습니다. 터그놀이는 이런 반려견의 본능을 이용한 놀이로 반려견에게 쌓여있는 에너지 소모와 함께 성취감과 자신감을 높여줍니다. 공놀이와 함께 보호자와 반려견이 함께 즐길 수 있는 대표적인 놀이 중 하나입니다.

🐾 터그놀이 배워보기

① 터그놀이를 할 수 있는 장난감을 준비합니다.

② 장난감을 손으로 잡고 흔들어 반려견을 유혹합니다.

③ 반려견이 장난감을 물면 사람은 손으로 잡고 서로 끌었다 당겼다 힘겨루기를 합니다.

④ 서로 잡아당기는 놀이를 하다 반려견에게 빼앗겨 보기도 하고 빼앗아 보기도 합니다.

🐾 주의사항

① 좌우로 흔들어 주세요. 위아래로 흔들어 주면 반려견의 목과 척추를 다치게 할 수 있어요.

② 너무 강하게 흔들거나 잡아당기지 마세요. 반려견의 이빨을 다치게 할 수 있어요.

③ 흥분을 많이 하는 반려견이나, 물건에 집착을 많이 하는 반려견, 공격성이 있는 반려견들에게는 추천하지 않습니다. 또한 오랜 시간 하게 되면 흥분이 높아져 공격적으로 변하는 반려견들이 있어요.

④ "물어", "놔"라는 신호를 꼭 알려주세요.

⑤ 터그놀이를 하다 놀이가 격해져 흥분할 경우 보호자의 손을 물거나 공격적으로 변하는 경우도 있습니다. 이럴 때는 즉시 놀이를 중단해서 물면 놀이를 지속할 수 없다는 것을 알려주세요.

 Tip

1. 반려견의 상태나 성격에 따라 뺏는 것과 뺏기는 행위를 적절하게 분배해 주세요. 소심한 반려견에게는 빼앗기는 횟수를 높여 자신감을 높여주고, 성격이 강한 반려견이나 우위성이 높은 반려견에게는 져주기보다는 빼앗아 이기는 비율이 높아야 합니다.

2. 빼앗는 과정에서 장난감에 집착을 보이거나 공격성을 보이기도 합니다. 장난감을 2개 이상 준비해서 자연스럽게 물고 있던 장난감을 스스로 놓을 수 있게 합니다. 간식을 이용해 물고 있던 장난감을 내려놓을 수 있게 할 수 있어요("놔" 훈련 참고).

3. 집안에서는 기본 훈련 놀이나 자발적으로 생각할 수 있는 훈련 놀이, 또는 노즈워크처럼 차분한 놀이가 좋아요. 자발적인 생각과 노즈워크도 많은 에너지를 사용합니다.

4. 집은 사람과 같이 반려견에게도 편히 쉬고 안정을 취하며 에너지를 축적하는 공간입니다. 터그놀이나 공놀이 같은 흥분도가 높고 활동량이 높은 놀이는 실외에서 하는 것을 추천합니다.

Part 4 _

강아지 입장
이해하기

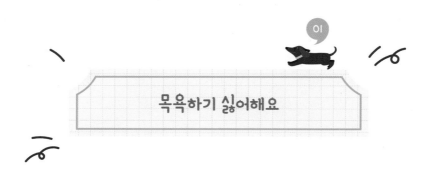

"우리 강아지는 목욕하는 걸 너무 싫어해요. 밖에서 실컷 뛰어놀다 들어와 더러워진 강아지를 씻기려면 거의 전쟁입니다. 어떻게 하면 목욕을 좋아하게 할 수 있을까요?"

🐾 목욕은 물과 친해진 뒤에 해주세요

많은 분들께서 편의를 위해 처음부터 샤워기를 사용하는 경우가 많습니다. 샤워기는 개들의 입장에서 언제 어디서 날아올지 모르는 물의 방향 때문에 무서움을 느낄 수 있고, 샤워기에서 나오는 소리도 공포의 대상이 될 수 있습니다.

자연스럽게 물에 접근하도록 유도하고 물과 친해질 수 있게 도와주세요. 야생에서 개나 늑대들은 목욕이 꼭 필요하지 않습니다. 하지만 집 안에서 사람과 함께 자라는 반려견들은 목욕이 꼭 필요합니다. 그렇지만 안타깝게도 우리 주변에는 목욕을 좋아하는 개보다는 싫어하는 개가 더 많습니다. 그럴 경우 강제로 목욕을 시킬 것이 아니라, 스스로 자연스럽게 물에 접근하도록 유도해주는 게 좋습니다.

물을 받아 놓고 그 안에 개가 좋아하는 장난감이나 간식을 넣어 보세요. 호기심이 발동한 개는 처음에는 물 주위를 서성이다가 조금씩 다가가 냄새도 맡아보고, 스스로 발을 담가보기도 하고, 물이 자기에게 해가 되지 않는다는 것을 알면 물속 또는 물 위에 있는 장난감을 가지고 놀 것입니다.

그렇게 물과 조금씩 친해지면 칭찬과 보상을 꼭 해주고, 개와 함께 놀면서 물놀이가 즐거움의 대상이라는 것을 인식시켜주세요. 그러다 보면 물과 목욕을 싫어하던 반려견이 나중에는 틈만 나면 물놀이(목욕)를 하자고 당신을 조를지도 모릅니다.

반려견과 함께 행복한 생활을 하는 방법은 모든 대상을 훈련, 교육, 교정을 하는 것이 아닌 보호자와 함께 즐기는 놀이라고 인식시켜주는 것입니다(많은 개들이 목욕을 싫어 하지만, 수영이나 물놀이를 좋아하는 개들은 많습니다).

또한, 반려견의 피부는 사람보다 훨씬 약하기 때문에 냄새가 난다는 이유로 너무 자주 목욕을 시키는 것은 좋지 않습니다. 그렇다면 목욕은 며칠에 한 번씩 해주는 게 좋을까요? 카페 회원 620명을 대상으로 설문조사를 한 결과, 일주일에 1회 정도 목욕을 시킨다는 분들이 49.03%(304명)로 가장 많았습니다. 그 뒤를 이어 보름(2주)에 1회가 19.19%(119명), 10일에 1회가 13.23%(82명)로 나타났습니다.

물론 각자의 상황이나 환경에 따라서 다르겠지만 일반적으로 너무 잦은 목욕은 피부병을 유발할 수 있으니 산책 후 특별한 경우가 아니라면 발 주변에 흙이 묻은 부분만 잘 닦아주고 목욕은 한 달에 1~2회 정도를 권장합니다.

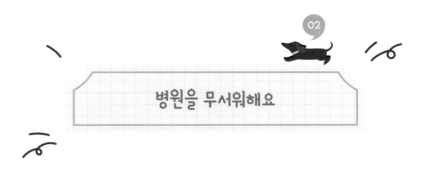

병원을 무서워해요

"병원에 데려가기가 겁나요. 얌전한 녀석이 병원 근처에만 가도 부르르 떨며 난폭해집니다. 병원을 무서워하는 우리 강아지 어쩌죠?"

🐾 **병원이 무서운 곳이 아니라 즐겁게 해주는 곳임을 알려주세요**
과거 두 돌이 조금 안 된 딸 유빈이를 데리고 병원을 찾았습니다. 그런데 가운을 입은 의사 선생님을 보자마자 막 울고 떼를 쓰기 시작했습니다.

'의사 선생님이 아무런 행동도 하지 않았는데 왜 겁을 먹은 걸까?' 곰곰이 생각해보니 유빈이가 예전에 중이염으로 병원에 입원한 적이 있었습니다. 피검사를 하느라 혈관에 주삿바늘을 수십 번 꽂았다 뺐다 했는데 그때의 고통이 의사 선생님의 가운과 연관되어서가 아닐까 싶습니다.

이런 일은 어린아이뿐 아니라 반려견들에게도 똑같이 일어납니다. 처음의 나쁜 경험과 기억이 머릿속에 오래 남아 병원만 가면 벌벌 떨거나 그 상황에서 회피하기 위해 짖거나 무는 공격성을 보이게 되는 것이죠. 따라서 병원을 좋은 경험과 연관시켜주어야 합니다.

요즘에는 꼭 개가 아플 때만 병원에 가는 것은 아닙니다. 평소에도 반려견에게 병원을 자주 구경시켜주세요. 병원에서 반려견이 좋아하는 간식이나 장난감을 사주는 것도 좋은 방법입니다. 그리고 간식만 먹고 그냥 병원을 나오는 겁니다. 매번 간식이나 장난감을 사는 게 부담스럽다면 단골 병원에 우리 반려견이 좋아하는 장난감 하나를 맡겨 놓는 건 어떨까요? 단골손님이고, 병원이 바쁘지 않다면 수의사 선생님께 간식을 대신 줄 수 있냐고 부탁해보는 것도 정말 좋은 방법이 될 수 있습니다.

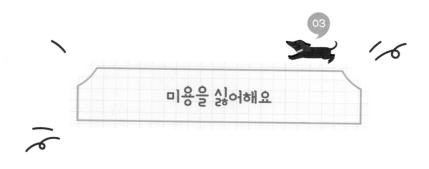

미용을 싫어해요

"강아지를 예쁘게 꾸며주고 싶어 애견미용실에 데리고 가는데 미용을 할 때마다 스트레스를 받는지 불안 증세를 보여요"

🐾 평소 미용실 환경에 적응시켜 주세요

많은 분들이 어린 강아지를 입양해서 키우다가 털이 자라게 되면 처음으로 애견미용실을 찾습니다. 하지만 애견미용실은 처음인데다 미용도 해본 적이 없는 반려견의 입장에서는 모든 것이 낯설고 또 불안할 것입니다. 어떤 반려견들은 부들부들 떨기도 하고, 오줌을 지리기도 하며, 심한 경우 미용사를 무는 일이 발생하기도 합니다.

보호자와 떨어진 상태에서 미용사의 손에 의해 높은 미용 테이블 위에 올라서면 높은 곳에 대한 두려움, 보호자와 떨어져 있다는 두려움, 낯선 손길과 처음 보는 장비들에 대한 두려움이 개를 극심한 공포로 몰아넣습니다. 그런 극한 상황에서 가위질을 하거나 털을 밀기 위해 기계를 작동시키는 순간 개는 마지막 방어 수단으로 미용사를 물게 되는 것입니다. 따라서 평소 미용에 대해 적응시켜 줄 필요가 있습니다.

요즘에는 미용 후 스트레스를 겪는 반려견들이 많다 보니 보호자 분들이 간단한 관리나 미용을 배워 집에서 직접 셀프 미용을 하는 분들이 점점 늘어나는 추세입니다. 내 반려견이 미용에 대한 스트레스나 불안이 매우 크다면 직접 배워서 미용을 해주는 게 가장 좋은 해결책이 될 수도 있습니다.

 Tip

1. 높은 테이블에 올라가는 연습을 하여 높은 곳에 대한 불안감을 낮춥니다.
2. 브러싱 등 간단한 관리를 집에서 수시로 해주며, 사람의 손이 접촉되는 것에도 거부감이 없도록 합니다.
3. 단골 애견미용실을 정해 자주 방문함으로써 친근한 환경으로 만듭니다.

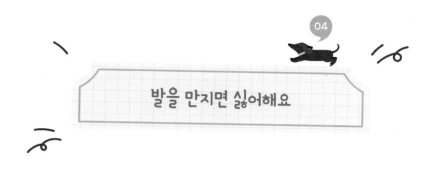

발을 만지면 싫어해요

"재미있게 잘 놀다가도 발을 만지면 심하게 물고 공격적으로 변해요. 그래서 발톱을 자르거나 미용을 하기가 어려워요"

🐾 발을 만지면 싫어하는 것을 좋아하게 바꿔주세요

답은 간단합니다. 그러나 말이 쉽지 발을 만지는 것이 좋은 것임을 가르쳐주기 위해서는 개의 발을 만져야만 합니다. 하지만 사납고 공격적인 개의 발을 만지기는 쉽지 않습니다. 발을 잡으려고 할 때 사람을 향해 공격성을 보이면 대부분 급히 손을 빼거나 피하게 됩니다.

그러나 이런 행동이 개의 공격적인 행동에 대한 보상이 되어 더 공격적인 개로 변하게 할 수 있습니다. 따라서 이러한 방법을 사용할 때는 보호 장갑을 착용하여 확실히 하는 것이 좋습니다. 보호 장갑을 끼고 개의 발을 잡으면 개는 더 이상 사람을 무는 행동이 자기보호를 위한 보상이 될 수 없다는 것을 깨닫고 무는 행동을 곧 포기하게 됩니다. 그때 먹이나 간식 등 개가 좋아하는 것으로 보상합니다. 이렇게 여러 번 반복하다 보면 개는 사람이 자신의 발을 잡는 것을 오히려 즐기게 되는 것입니다.

또 다른 방법을 사용하는 훈련사분들도 있습니다. 개 스스로 뛰어내릴 수 없는 높이의 탁자 위에 개를 올려놓고 불안하게 만듭니다. 불안해진 개는 보호자에게 의지하게 되고 이때 손을 내밀면 자신의 신체를 맡기게 하는 방법입니다. 이런 과정을 반복하면 사람의 손이 자신에게 해가 되는 게 아니라 위험한 상황으로부터 벗어 날 수 있도록 도와주는 고마운 것으로 인식하게 됩니다.

하지만 이러한 방법들은 초보자가 하기에는 큰 위험이 따르고, 개가 싫어하는 강제적인 방법이기 때문에 추천하지 않습니다. 강제로 만지려 하고, 일부러 싫어하는 곳에 반려견을 올리려는 과정에서 오히려 더 큰 공격성을 유발하고 반려견과의 유대관계는 더 악화할 수 있습니다. 그럼 어떤 방법이 있을까요? 개의 발을 잡는 것이 위험하다면 반대로 개가 사람의 손을 만지게 하면 되는 것입니다.

① 개를 앉히고 간식을 쥔 손을 개의 입 앞에 놓아 보여줍니다.
② 개가 손의 냄새를 맡고, 핥다가 발을 살짝 들어 손을 툭 건드리면 바로 손바닥을 펴 간식을 줍니다.
③ 성급하게 개의 발을 만지지 말고, 같은 방법을 반복합니다.
④ 개의 발을 살짝 만져도 거부감이 없이 가만히 있으면 간식이나 장난감 등으로 보상합니다.
⑤ 반복하다 보면 발을 만지는 데 대한 거부감이 사라질 것입니다.

세상에는 수많은 반려견 훈련사분들이 있습니다. 같은 방법을 사용하기도 하지만 추구하는 교육방식에 있어 조금씩 차이가 나기도 하고 서로 전혀 다른 방법을 제시하기도 합니다. 그리고 한 가지 더 변수가 있습니다. 반려견들도 제각각 다르다는 것입니다. 한 사람의 전문가, 또는 한 가지 교육방법을 맹신하기보다는 자신의 반려견에 맞는 다른 방법이 없을지 생각해보세요. 고정관념을 버리고 새로운 관점을 가지고 반려견의 입장에 서서 생각해야 합니다.

Tip

1. 반려견의 몸 어딘가에 접촉했을 때 싫어하거나 공격적인 성향을 보인다면 제일 먼저 아픈 것은 아닌지 확인하는 게 우선입니다.
2. 발톱을 깎는 것은 반려견의 입장에서 정말 싫은 것 중 하나입니다. 잦은 산책과 실외 운동으로 발톱이 스스로 갈릴 수 있게 해주세요.

가족과 떨어지거나
혼자 있길 싫어해요(분리불안)

"화장실에 들어가도 문 앞에서 끙끙대며 기다리고 있는 우리 초코. 잠깐 외출만 해도 짖고 끙끙대고 심할 경우 하울링도 합니다. 배변 훈련도 잘 되어 있는 아이인데 몇 시간 정도 혼자 두고 나갔다 올 경우에는 배변도 여기저기 아무 곳에나 싸 놓습니다. 나가는 저에게 미친 듯이 짖고 끙끙대고 난리가 나 발길이 떨어지지 않아요. 우리 강아지 분리불안인가요?"

'개의 분리불안(Separation Anxiety in Dog)'이란 무리(가족) 또는 보호자와 떨어져 있을 경우 불안감이 증폭되어 발생하는 행동상의 장애로, 집에 혼자 남겨질 때 심하게 짖거나 가구 등의 물건을 파괴하고, 대소변을 아무 곳에나 보는 등의 증상을 말합니다.

평소에도 집안에서 반려견이 심리적으로 안정된 상태가 되면 불안에 많은 도움이 될 수 있어요. 외출할 때는 반려견이 심리적으로 안정된 상태에서 나가는 게 중요합니다. 반려견을 키우는 많은 분들이 분리불안으로 고통받고 있습니다. 하지만 한 가지 생각해 볼 문제가 있습니다. 꼭 분리불안의 문제일까? 분리불안이라고 주장하는 분들의 반려견들을 보면 대부분이 집을 나갔을 때뿐만 아니라 평소에도 심리적으로 불안한 모습을 보이는 반려견들이 많다는 것을 알 수 있습니다.

외출할 때 우리 반려견들의 모습은 어떤 상태인가요? 상당히 불안해 있지는 않은지요. 분리불안이 있기 때문에 혼자 남겨졌다는 불안 때문에 당연한 것 아니냐고 말씀하실 수도 있지만 그럼 평소 집 안에 있는 반려견의 모습은 어떤지, 또 반려견과 함께 외출하거나 산책을 할 때 우리 반려견들의 모습은 어떤지 재차 묻고 싶습니다.

분리불안은 단순히 보호자와 분리되는 훈련만 시킨다고 해서 절대 좋아지지 않습니다. 미디어나 유튜브에서 유명한 훈련사분이 가르쳐주는 분리불안 훈련법을 그대로 따라 해도 고쳐지지 않는 이유입니다. 반려견이 평소에도 편안하고 심리적으로 안정된 상태를 유지하는 게 우선입니다.

🐾 평소 개의 모든 요구를 들어주지 마세요

불안을 보이는 반려견들은 대부분 보호자에게 지나치게 의지하는데 이는 평소 반려견이 원하는 것을 모두 들어주었기 때문입니다. 평소와 달리 요구를 들어주지 못하는 상황이 되면 반려견은 불안해지고, 심하면 공격적인 행동을 보일 수도 있습니다. 따라서 평소 반려견의 요구를 모두 들어주기보다는 말을 잘 따를 때 보상과 함께 칭찬하는 것이 개를 심리적으로 더 안정시켜주는 방법입니다.

🐾 정해진 규칙과 규율을 지켜주세요

같은 상황에서도 기분이 좋을 때는 들어주고, 오늘은 기분이 나쁘다는 이유로 들어주지 않는다면 반려견들은 혼란스러워합니다. 혼란은 반려견을 불안하게 만듭니다. 반려견과의 생활은 규칙적인 생활입니다. 나혼자만 지킨다고 되는 것도 아니며, 가족 모두 똑같이 지켜주셔야 반려견도 이해하고 편안해합니다.

🐾 외출을 예측하지 못하게 할 트릭이 필요해요

개는 우리가 생각하는 것 이상으로 똑똑한 동물입니다. 집을 나서기 전

샤워를 하거나 화장을 하고 옷을 갈아입는 행동을 보며 개는 보호자의 외출을 예측하게 됩니다. 그럼 개는 그때부터 불안해집니다. 따라서 평소 외출을 예측할 수 없도록 해야 하는데 외출복을 갈아입고 개와 함께 놀아주는 것도 하나의 방법입니다. 그렇게 함으로써 보호자의 외출 전 행동이 자신과 놀아주는 좋은 행동이라고 인식할 수 있기 때문입니다.

😸 나갈 때나 들어올 때 무심하게 행동하세요

반려견을 집에 혼자 두고 외출할 때는 혼자 남은 반려견이 불쌍해서 평소보다 더 과하게 쓰다듬어주거나 특별히 더 잘해주려고 하는 분들이 있습니다. 이런 보호자의 행동 역시 반려견을 더 불안하게 만드는 원인이 되기도 합니다. 무심하게 평소대로 대해주고, 흥분된 상태보다는 반려견이 어느 정도 안정을 찾았을 때 간단한 인사와 함께 나가는 게 더 도움이 됩니다.

마찬가지로 외출 후 집에 들어오면 개들은 반가움을 넘어 극도로 흥분해 주인을 반깁니다. 이때 보호자의 과한 반응은 반려견의 흥분을 더 키울 수 있습니다. 집에 들어오면 간단한 인사와 가만히 서 있거나 앉아서 반려견이 흥분을 가라앉힐 동안 기다려 주세요. 보호자가 무엇을 하고 왔는지, 누굴 만나고 왔는지, 또는 어떤 음식을 먹고 왔는지, 냄새를 맡게 해주고 기다리다 보면 어느새 반려견도 안정을 찾아갈 것입니다.

🐾 미리미리 분리 훈련을 해주세요

분리 훈련은 반려견을 기다리게 하고 보호자가 숨는 훈련입니다. 처음에는 다른 방에 들어가 단 몇 초를 기다리면 성공입니다. 보호자가 보이지 않는 곳에서 기다리는 시간을 순차적으로 늘려나가세요. 기다리는 훈련 시 반드시 장난감, 간식, 칭찬을 이용해 충분히 보상해야 합니다.

🐾 TV나 라디오를 틀어주거나 장난감을 줘 보세요

보호자의 외출이 아닌 다른 곳에 신경을 쏟을 수 있을 만한 환경을 만들어주는 것도 중요합니다. 장난감 중에는 안에 간식이나 사료를 넣고 오랜 시간 빼먹을 수 있는 장난감도 판매하고 있습니다. 간식 냄새를 맡고 어떻게 하면 간식을 빼먹을 수 있는지 스스로 고민도 하고 생각도 하면서 오랜 시간 지루하지 않도록 도움을 주기도 합니다.

그 밖의 심리안정법

비발디의 '사계'와 같은 마음을 편안하게 해주는 클래식 음악이나, 개의
웃음소리를 들려줍니다. 또 아로마 향을 이용해 반려견의 심리상태를
안정시키는 방법도 있습니다.

Tip

분리불안을 치료하기 위해서는 동물 행동 심리전공 수의사와 전문 훈련사에
게 조언을 들을 필요가 있습니다. 분리불안의 증상인 불안 또는, 짖는 행동이
나 공격성 등은 다른 외부적 요인일 수 있습니다. 따라서 전문가의 조언을 통
해 행동의 원인부터 찾아 해결하는 것이 우선입니다.

목걸이를 착용하면 움직이지 않아요

"반려견을 입양하고 처음으로 산책하기 위해 목걸이(목줄)를 착용하는데 녀석이 목걸이에 대한 거부감이 심합니다. 강제로 착용한 뒤에는 움직이지 않고 바닥에 엎드려 움츠리고만 있네요. 어떻게 하면 좋을까요?"

😺 목걸이를 착용한 상태에서 스스로 적응할 수 있게 기다려 주세요

목줄에 대한 교육이 되어 있지 않은 반려견의 경우 자신의 목에 무언가를 두른다는 것에 상당한 불쾌감을 느낄 수 있습니다. 동물에게 있어 목이 조이거나 물린다는 것은 생명에 위협을 느낄 수 있는 일이기 때문에 사전 교육이 되어 있지 않은 반려견의 입장에서는 매우 불쾌하고 불안해하는 것은 당연합니다.

무리하게 강제로 목걸이를 착용하고, 개를 움직이기 위해 강제로 리드줄을 잡아당기는 행동은 목걸이에 대한 거부감만 더 키웁니다. 따라서 평소 안정된 상태에서 반려견에게 목걸이를 착용시키고 스스로 적응하고 움직일 수 있도록 기다려 주세요.

만약 반려견이 간식이나 장난감, 또는 특정 물체나 놀이를 유난히 좋아한다면 그것을 이용하여 반려견을 자연스럽게 움직일 수 있도록 유도하는 것도 좋습니다. 간혹 반려견에게 목걸이를 착용시키고 줄을 묶어주는 것이 불쌍하고 안쓰럽다고 하는 사람들이 있습니다.

그러나 이 또한 개가 인간과 함께 살아가기 위해서는 어쩔 수 없는 규칙입니다. 무엇보다 목줄(가슴줄)과 리드줄은 사람과 반려견 모두의 안전과 생명을 지키기 위한 것임을 꼭 인지해야 합니다.

최근 개정된 법안을 살펴보면 법 제13조 제2항에 따라 "등록대상 동물을 동반하고 외출할 때에는 목줄 또는 가슴줄을 하거나 이동장치를 사용해

야 한다"라는 내용을 포함하고 있습니다. 이를 위반할 시 과태료가 부과
될 수 있습니다. 어찌 보면 삭막한 규정 같지만, 우리 사회 구성원 중에는
개를 싫어하거나 무서워하는 사람들도 다수 있다는 것을 인지하고 함께
사는 사회인 만큼 반려인으로서의 에티켓을 보여줄 필요가 있습니다.

 Tip

1. 목걸이를 착용하는 것 자체가 힘들다면 처음에는 리본이나 끈, 손수건 등
   천 종류를 개의 목에 묶어두는 방법으로 적응시킬 수 있습니다.
2. '입마개 착용법' 훈련을 응용한 훈련 방법도 있습니다. 반려견의 머리가 통
   과할 수 있는 정도의 링을 준비하고 스스로 링 안으로 머리를 집어넣을 수
   있도록 훈련합니다.
3. 미디어 또는 유튜브의 유명 훈련사나 전문가의 영향으로 목줄이 아닌 가
   슴줄을 선호하는 반려인이 늘어나고 있습니다. 어떤 제품이 더 좋다 하는
   것을 떠나서 한 가지에 너무 맹신하는 것은 좋지 못하다고 생각합니다. 서
   로 장단점이 있는 만큼 우리 반려견에게 맞는 제품을 선택하는 것이 좋으
   며, 내 반려견을 통제하기 힘들다면 가슴줄보다 목줄을 먼저 착용하는 것
   이 더 좋을 수 있습니다.
4. 목걸이를 착용하면 불편하고 움직이지 않는다는 반려견 중에서도 가슴
   줄을 착용하고 있는 반려견이 많았는데, 몸 전체를 감싸는 게 무섭고 불편
   할 수 있습니다. 이 경우 목줄로 바꿔주는 것만으로도 괜찮아질 수 있습니
   다. 옷을 입으면 움직이지 않는 것과 같은 이유일 수 있어요.

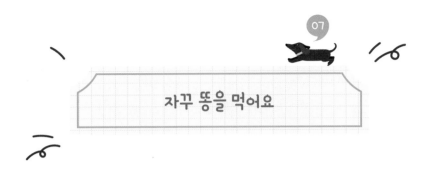

자꾸 똥을 먹어요

"언제부터인지 정확히 알 수는 없지만, 우리 강아지가 똥을 먹는다는 것을 알게 되었습니다. 정말 충격적입니다. 도와주세요"

🐾 식분증의 원인부터 찾아야 합니다

반려견의 입장에선 지극히 일반적인 행동이라 할 수 있습니다. 또한, 일부는 본능에 의한 당연한 행동이기도 합니다. 하지만 사람 입장에서는 매우 불쾌하고, 비위생적인 행동임은 틀림없습니다.

식분증의 원인은 아직 정확히 밝혀진 바가 없으나 영양이나 환경, 본능의 측면에서 다음과 같이 추측할 수 있습니다. 또 어린 강아지의 경우 시간이 지나면서 점차 사라지는 경우가 많습니다.

*식분증 원인 추측

① 비타민 · 미네랄과 같은 영양 불균형과 영양 부족, 기생충 감염
② 고단백질의 사료와 인공 향신료가 강하게 첨가된 제품을 먹은 후 변에 남아 있는 냄새
③ 배변 훈련에 실패하여 배변 행동 자체가 잘못이라고 인지
④ 집에 오랜 시간 방치됐을 때 스트레스 또는 지루한 가운데 변에 대한 호기심이 생겨 행동하는 일종의 놀이
⑤ 보호자에게 관심을 받기 위한 행동
⑥ 본능적인 행동(어미견이 새끼의 배설을 돕기 위한 행동, 보금자리의 청결을 위한 행동, 외부침입자의 공격을 막는 방법)
⑦ 서열의 확인(서열이 낮은 개들이 자신보다 서열이 높은 개들의 변을 먹는다는 보고가 있음)
⑧ 식분증을 보이는 다른 개로부터 배우는 경우

😸 원인에 따른 대처

문제 행동을 치료하기 위해서는 먼저 그 원인에 대해서 되도록 정확히 판단해야 합니다.

원인	치료방법	주의할 점
소화기 질환	질병 치유 시 자연스럽게 고쳐진다	개들이 식분증을 보일 때 너무 관심을 가지면 질병 치유 후에도 변을 먹는 행동을 지속할 수 있으니 주의
부족한 영양	급식 양을 조금 늘리거나 횟수를 늘린다	비만 주의
변의 맛이나 향이 좋아서	사료나 간식 등을 바꾼다	고단백질의 사료나 인공 향신료가 많이 첨가된 제품은 피하고 소화가 잘되는 것으로 교체
학습 부족	적절한 훈련 방법을 찾아 교정한다	잘못된 교정방법은 상황을 더 악화시킬 수 있으니 주의

🐾 식습관 변화를 통한 교정방법 활용

실제 식분증이 있는 반려견을 접해보면 대부분이 가공된 사료나 고단백질의 사료를 먹는 반려견이 많았습니다. 이 때문에 소화기 질환, 부족한 영양, 변의 맛이나 향이 좋아서와 같은 원인을 발생시킨 것으로 보입니다. 신선한 생고기와 채소, 과일을 적당히 섞은 생식이 때로는 식분증 치료에 도움이 되기도 합니다.

🐾 훈련을 통한 교정방법 활용

첫째, 반려견이 변을 먹기 전에 미리 치워주세요. 반복적인 행동은 습관이 되고 점점 강화될 수 있습니다. 사전에 깨끗이 치워 먹는 행동을 방지해주세요.

둘째, 화장실 훈련의 실패로 보호자로부터 꾸중을 듣거나 혼난 경험이 있는 반려견의 경우 변을 먹어치워 숨기거나 구석에 숨어서 변을 보는 반려견들도 있습니다. 칭찬과 보상으로 훈련합니다.

셋째, 반려견의 배변은 실외 배변을 추천합니다. 산책할 때 실외 배변을 하고 먹기 전에 다른 곳으로 이동합니다. 행동하지 못하게 되면 변을 먹는 습관이 사라질 수 있습니다.

🐾 개가 싫어하는 향과 맛 사용

개가 싫어하는 향(특정 향수, 강한 냄새의 식초 등), 싫어하는 맛(아주 강한 매운맛, 고춧가루 등)을 변 위에 뿌려 변을 먹는 것에 불쾌감을 느끼게 합니다.

🐾 약물 활용

약물치료나 특정 약물을 이용하여 개의 구토를 유발하는 방법도 하나의 고려대상이지만 이 방법은 최후의 선택이며, 신중한 판단이 요구됩니다.

약물은 사람에게나 동물에나 함부로 사용해서는 안 됩니다. 따라서 앞의 방법들로도 교정이 되지 않을 때 동물병원에 가서 상담을 받은 후에 수의사의 지시에 따라 처방받는 것이 좋습니다. 그러나 이런 작위적인 방법보다는 자연스럽게 치유하는 방법을 추천합니다.

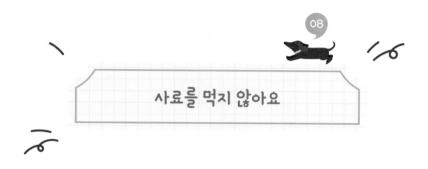

사료를 먹지 않아요

"저희 강아지는 사료 외에도 사람이 먹는 모든 음식을 먹어왔습니다. 음식뿐만 아니라 과자나, 음료수, 아이스크림 등⋯. 그런데 이제는 아예 사료를 입에 대지도 않습니다. 어떻게 하면 사람이 먹는 음식을 끊고 사료를 먹일 수 있을까요?

👣 사람이 먹는 음식을 즉시 중단하고 사료로 교체하세요

반려견의 입장에서는 매일 똑같은 사료보다는 사람들이 먹는 다양한 음식이 더 맛있게 느껴졌을 겁니다. 또 사료는 자기 밥그릇에 담아주지만, 사람 음식을 줄 때는 보통 하나씩 손으로 주기 때문에 반려견의 입장에서는 간식을 받아먹는 느낌처럼 더 기분 좋게 먹어왔을 겁니다.

사람이 먹는 음식 중에는 반려견의 건강에 좋은 역할을 하는 음식이 많이 있습니다. 하지만 지나친 나트륨 함량, 고지방 등 좋지 않은 점도 있기 때문에 사람이 먹는 음식은 되도록 줄일 필요가 있습니다.

즉시 사람이 먹는 음식의 공급을 끊고 사료를 주고 기다려 보세요. 사료를 먹지 않았다면 그 자리에서 사료를 치우고 개를 굶기세요. 그리고 신선한 물만 새로 공급해 주세요. 다음 날에도 똑같이 반복해 주세요. 횟수가 늘어날수록 사료를 치우는 시간을 점점 짧게 합니다. 처음에는 20분 뒤, 그다음에는 15분, 10분, 5분…. 이런 식으로 사료를 치우는 시간을 줄입니다.

혹시라도 마음이 약해져 중간에 다른 간식을 주면 그동안의 과정이 헛수고가 되며 고치기 위해서는 앞으로 더 오랜 시간이 걸릴지도 모릅니다. 왜냐하면, 사료를 먹지 않고 버티면 또 맛있는 간식을 준다는 것을 반려견이 이미 학습했기 때문입니다.

보통 2~3일 정도면 사료에 조금씩 입을 대기 시작하며, 건강상에 이상이 없는 경우 하루, 이틀 정도는 더 굶겨도 괜찮다고 하니 너무 걱정하지 마세요. 하지만 반려견이 건강상에 문제가 있을 때 무턱대고 며칠씩 굶겨서는 곤란하겠죠?

 Tip

1. 반려견이 사료를 먹지 않는다면 무조건 굶기기보다는 동물병원을 찾아 건강 이상 유무에 대한 진료를 먼저 받아보는 것이 우선입니다.

2. 사료가 입맛에 맞지 않는다면 사료를 바꿔보거나 기호성이 높은 자연식 또는 습식사료로 대처하는 것도 방법입니다.

3. 어린 강아지의 경우에는 왕성한 식욕을 보이지만 청소년기를 지나면서 식욕이 떨어지는 모습을 보이기도 합니다. 정상적인 양만 먹는다면 크게 문제 되지 않습니다.

4. 사료를 잘 먹지 않거나 입이 짧은 반려견의 경우 자율 배식보다는 제한 배식을 추천합니다.

5. 어린 강아지이거나 노견이라면 무조건 긴 시간 굶기는 방법은 추천하지 않습니다.

6. 훈련할 때 밥그릇 채 치우는 게 아니라 사료만 치워야 효과적입니다.

7. 반려견이 보고 있을 때 사료를 치우는 게 더 효과적입니다.

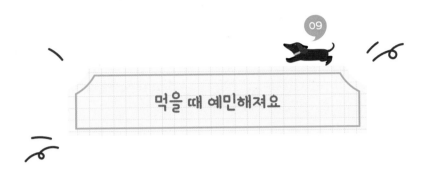

먹을 때 예민해져요

"4~5개월 정도 된 강아지를 입양하였습니다. 기른 지 한 달 정도 되었는데 유독 사료를 먹을 때 만지면 으르렁거리며 사나워집니다. 지금은 개가 작아서 물어도 큰 문제는 없지만 지금 고치지 않으면 점점 사나워질까 봐 두려워요"

😺 보호자의 손은 좋은 것을 주는 착한 손이라고 인식시키세요

음식에 대한 개의 방어 행동은 개의 입장에서는 생존과도 관련된 매우 가치 있고 중요한 행동 중 하나입니다. 보호자의 입장에서는 사료를 먹고 있는 반려견의 모습이 귀여워 쓰다듬으려는 것이지만 개의 입장에서는 자신의 먹이를 빼앗아 가려는 행동으로 착각할 수 있습니다. 그래서 공격적인 반응을 보이는 것입니다.

먼저, 보호자의 손이 무언가를 빼앗아가는 나쁜 손이 아니라 좋은 것을 주는 착한 손임을 인식시킬 필요가 있습니다(감당하기 힘든 큰 대형견이나 공격성이 매우 심한 개의 경우에는 반드시 행동 전문가의 조언을 들어볼 것을 권해 드립니다).

*보호자의 손을 착한 손이라고 인식시키는 방법
① 1일 급여량을 여러 번 나누어 간식처럼 수시로 급여해 줍니다.
② 손에 대한 거부감을 줄이기 위해 사료나 간식을 손 위에 올려서 줍니다.
③ 일반적으로는 정해진 시간과 규칙적인 급식을 권하지만 음식물에 대한 방어 행동, 공격적인 행동을 보이는 개들에게는 자유 급식과 평균적인 양보다 많이 주어 음식물에 대한 가치를 줄입니다.

😺 안전한 장소에서 편안하게 먹을 수 있게 도와주세요

구석이나 개집 근처와 같이 개방적이지 않고, 혼자 있을 수 있는 공간에 식기를 놓아 안심하고 먹을 수 있도록 해주세요. 이때는 궁금하더라도 지켜보지 않는 것이 좋아요. 먹는 모습이 귀엽고 사랑스러워도 되도록 먹을 때는 건드리지 말고, 편하게 밥을 먹을 수 있도록 해주세요.

굳이 의식할 필요도 없습니다. 그냥 밥을 주고 스스로 알아서 잘 먹도록 내버려 두는 것입니다. 사람도 그렇지만 개는 먹을 때 건드리면 더욱 예민해집니다. 이런 개의 습성을 이해하고 그에 맞춰주는 것이 진짜 사랑 아닐까요?

 Tip

1. 한 마리 이상의 반려견을 기르고 있는 가정의 경우 각자 따로 먹을 수 있게 해주세요.
2. 되도록 반려견이 무언가를 먹고 있을 때 건드리거나 장난치지 마세요.

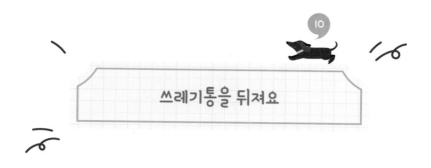

쓰레기통을 뒤져요

"언제부턴가 강아지가 쓰레기통을 뒤지고 그 안에 있는 휴지나 종이들을 찢고 노는 버릇이 생겼어요. 더러운 쓰레기를 어질러 놓는 것도 문제이지만 혹시나 먹어서 잘 못되면 어쩌나 하는 고민이 더 앞서네요. 어떻게 하면 버릇을 고칠 수 있을까요?"

🐾 쓰레기통을 치워주세요

쓰레기통에 버려진 내용물들을 보면 냄새나며, 더럽고 사용하지 못하는 것들이 대부분입니다. 심지어 사람이 먹다 버린 음식물도 있습니다. 문제는 개들이 이렇게 더러운 쓰레기통을 뒤지고, 꺼내고, 그 위에서 뒹굴기까지 한다는 것입니다. 이러한 광경을 좋아하는 사람들은 없습니다.

하지만 개의 입장은 어떨까요? 개들은 쓰레기통에서 썩어가는 음식물 냄새와 각종 고약한 냄새들을 세상 그 어떤 것보다도 향기롭다고 생각합니다. 따라서 그 향기를 자신의 몸에 묻히는 것은 그들에게 정말 행복한 일입니다. 그런데 사람들이 문제 있는 개로 분류하니 개 입장에서는 얼마나 황당할까요?

그래도 사람들과 함께 살아가기 위해서는 분명 해서는 안 되는 행동입니다. 강제로 행동을 막기보다는 원인이 되는 쓰레기통을 개가 닿을 수 없는 곳에 놓으면 어떨까요? 쓰레기통을 치우고 대체할 수 있는 장난감을 주는 것도 하나의 방법입니다.

다른 장난감으로 대체했는데도 문제가 해결되지 않을 때는 쓰레기통을 뒤지는 행동이 보호자의 관심을 끄는 방법이라고 생각하기 때문입니다. 쓰레기통을 뒤지고 있을 때 관심을 두지 말고, 반려견이 보지 않을 때 조용히 쓰레기통을 치워주세요.

여기서 그치는 것이 아니라 우리 반려견이 왜 그런 행동을 하게 되었는지 본질에 대해서도 생각해봐야 합니다. 단순 호기심에서가 아니라 문제 행동으로서 쓰레기통을 뒤지는 강아지라면 충족되지 못한 욕구 탓인지도 모릅니다. 먹이가 부족한 건 아닌지, 운동이 부족한 건 아닌지, 정서적인 애정결핍은 아닌지 지켜봐 주세요. 순간적으로 흥분하여 야단을 친다면 그때는 잠깐 행동을 멈추겠지만, 잠시 자리를 비우면 원점으로 돌아갈 것입니다.

 Tip

1. 노즈워크가 도움이 될 수 있어요. 종이에 간식을 감싸서 여기저기 뿌려주고 숨겨주세요. 쓰레기통을 뒤지는 것보다 더 흥미롭고 재미있을 수 있습니다.
2. 쓰레기통에 음식물이나 반려견이 관심을 가질만한 물건은 따로 분류해서 버려주세요.
3. 쓰레기통 위치를 바꾸기 어렵다면 뚜껑을 열 수 없는 제품으로 변경해 주세요.

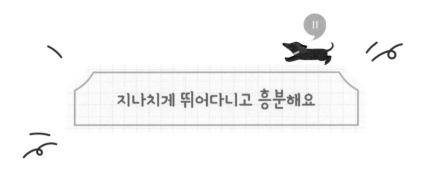

지나치게 뛰어다니고 흥분해요

"산책도 매일 시켜주고 있는데 강아지가 집안에서 너무 정신없이 뛰어다닙니다. 다른 집 강아지와 비교해 봐도 분명 지나쳐 보여요. 신나게 뛰어 놀다 보면 흥분을 주체하지 못하고 점점 심해져서 제지도 힘들어지는 우리 강아지, 어떻게 해야 할까요?"

😺 넘치는 욕구와 에너지를 충족시켜 주세요

야생에서의 개들은 많은 활동량으로 에너지를 소모했습니다. 먹이 활동만 비교해 봐도 야생의 개들은 사냥할 때 초식 동물의 냄새를 맡으면서 추적을 하고 포획을 하는 과정에서 상당한 에너지를 소모했습니다. 사냥에 성공할 확률도 그렇게 높지 않아 매번 이 같은 일을 반복하며 살아왔습니다.

하지만 사람과 함께 사는 반려견들은 어떤가요? 먹이를 찾아 헤맬 필요 없이 밥 먹을 시간이 되면 알아서 먹이가 제공됩니다. 이렇게 똑같은 먹이 활동만 보더라도 많은 차이점이 있습니다. 활동량의 감소로 넘치는 욕구와 에너지를 충족시키지 못하는 반려견들은 스트레스가 쌓이게 되고 문제 행동으로 나타나기도 합니다. 반려견이 과하다 싶을 정도로 심하게 뛰어다닌다면 운동량이 부족한 것은 아닌지 고민해보셔야 합니다.

또 밖에서 많은 활동으로 에너지를 소비한 야생의 개들은 집에 와서는 다음 활동을 위해 충전의 시간을 갖습니다. 그런데 사람과 함께 생활하는 반려견들은 어떨까요. 부족한 활동량을 집에서 충족시켜 주려고 하고 있지는 않으신가요? 집은 반려견이 편안하게 쉴 수 있는 공간이 되어야만 합니다. 과도한 활동이나 흥분할 수 있는 신체 활동 등의 놀이는 실외에서 하고 집안에서는 기본 훈련이나 노즈워크 같은 안정적인 활동 등의 위주로 놀아주면서 쉴 수 있는 시간을 제공해주세요.

질문	해결책
산책은 시간과 횟수는 충분한가요?	시간을 늘리거나 횟수를 늘려보세요.
산책 외 다른 신체적인 활동은 충분한가요?	산책만으로는 반려견의 넘치는 에너지를 충족시켜 줄 수 없습니다. 터그놀이나 공놀이 등 신체 활동을 늘려주세요. 노즈워크도 에너지 소모에 도움이 될 수 있습니다.
신체적인 활동 외 정신적인 활동 및 학습 활동은 충분한가요?	강제적 또는 부정적 강화를 이용한 훈련은 반려견에게 극심한 스트레스를 유발하는 원인이 되기도 합니다. 반대로 스스로 생각하고 판단할 수 있는 자발적 또는 긍정적 강화를 이용한 훈련은 반려견의 좋은 스트레스를 유발합니다. 뇌의 활동은 에너지 소모에 도움을 주며 반려견의 심리적 안정에도 많은 도움을 줍니다.

 Tip

반려견의 활동량은 견종별 특성을 고려해야 하며, 같은 견종이라 할지라도 개체마다 활동량이 다를 수 있습니다.

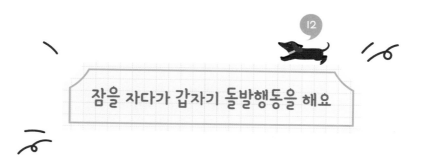

잠을 자다가 갑자기 돌발행동을 해요

"강아지를 처음 키워보는 초보 보호자입니다. 강아지가 잠을 자다가 낑낑대기도 하고 갑자기 돌발행동 같은 모습을 보이기도 하는데 자는 게 아닌 것 같아 확인해 보면 분명 잠을 자고 있어요. 우리 강아지 정신적으로 문제가 있는 강아지일까요?"

🐾 꿈을 꾸거나 잠꼬대를 하는 것으로 보입니다

반려견도 사람처럼 꿈을 꾸며 잠꼬대를 하는 동물입니다. 자면서 무언가를 먹고 있는 것처럼 입을 쩝쩝 대기도 하고, 산책이나 뛰어다니는 것처럼 발을 구르며 휘젓기도 합니다. 물론 끙끙대거나 짖는 모습을 보이기도 하며 실제 소리를 내는 경우도 있습니다. 이 같은 강아지의 잠꼬대는 사람이 꿈을 꾸면서 잠꼬대를 하는 것과 같은 매우 정상적인 반응이 므로 크게 걱정하지 않으셔도 됩니다.

걱정된다거나 반대로 귀엽다는 이유로 깨우기보다는 편안하게 잘 수 있 게 그냥 놔두는 게 강아지의 건강에도 좋습니다. 하지만 반려견의 꿈 꾸 는 모습이 어딘가 모르게 불편해 보인다거나 무서워하는 등으로 괴로워 한다고 느껴질 때는 부드럽게 흔들어 깨워주는 것이 좋겠죠? 간혹 무서 운 꿈 혹은 싸움을 하는 꿈을 꿀 때 깨우면 갑자기 물려고 하는 경우도 있으니 조심해야 합니다.

 Tip

반려견이 자면서 일반적인 잠꼬대가 아닌 경련 또는 발작을 일으키는 모습처 럼 보인다면, 다른 질병이 원인일 수 있으니 꼭 동물병원에서 진료를 받아보 세요.

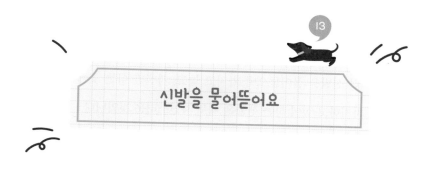

신발을 물어뜯어요

"강아지가 신발을 자꾸 물어뜯어 신지 못하게 만들어 놓았어요. 평소에는 말도 잘 듣고 사랑스러운 애교쟁이인데 신발 무는 버릇은 고쳐지지 않습니다. 이런 문제를 해결하려면 어떻게 해야 할까요?"

🐾 신발을 치워두세요

산 지 얼마 되지 않은 신발이나 아끼는 구두를 물어뜯거나 신발 한 짝을 아무도 찾지 못하는 곳에 숨겨두면 사람 입장에서는 화가 치밀어 오르는 게 당연합니다.

하지만 개의 입장에서는 자신이 세상에서 가장 존경하며 사랑하는 보호자의 체취가 묻은 신발은 그 어떤 장난감보다도 좋고 소중한 물건입니다. 이런 신발을 물어뜯으며 가지고 놀고, 자신만 아는 곳에 꼭꼭 숨겨 혼자 차지하고 싶어 하는 행동은 매우 자연스러운 것입니다.

이럴 경우에도 강제로 행동을 못 하게 하기보다는 원인이 되는 신발을 개가 닿지 않는 신발장 안에 넣어두는 것이 좋습니다. 대신 그만큼의 가치 있는 다른 무엇으로 대체해 줄 필요가 있습니다.

개껌이나 장난감을 활용하는 것도 좋은 방법입니다. 신발을 다 치울 수 없는 상황이라면 강아지가 싫어하는 냄새를 뿌려보세요. 사람이 싫어하는 냄새와 강아지가 싫어하는 냄새는 조금 다릅니다. 강아지 성향에 따라서도 다를 수 있으니 평소 강아지를 잘 관찰하여 싫어하는 냄새를 찾아 신발에 뿌려주세요. 그럼 아마 신발 근처에 가는 것을 싫어하게 될지도 모릅니다.

문제가 발생하면 그것을 못하게 가르치기보다는 문제의 원인을 찾아 제거함으로써 문제가 발생하지 않도록 하는 것이 더 효과적이고 현명한 방법입니다. 사람도 불안하면 무언가를 잘근잘근 씹게 됩니다. 개도 마찬가지입니다. 정서가 불안하여 물건을 물어뜯는 버릇이 생기기도 합니다. 따라서 사랑으로 보듬어 주고 꾸준히 관심을 가져주세요.

 Tip

1. 신발의 특유한 냄새나 재질을 좋아해서 물어뜯는 경우도 있어요. 비슷한 재질의 장난감으로 대체해 주세요.

2. 이갈이 때 물어뜯는 버릇이 습관화되어 발생하는 경우도 있어요.

3. 반려견은 물어뜯고 씹는 행동을 좋아하며 꼭 필요한 행동이기도 해요. 물어뜯고 씹어도 되는 물건을 제공해주고 같이 놀면서 칭찬해 주세요. 보호자의 신발을 물어뜯는 행동은 점차 줄어들게 됩니다.

4. 왜 신발일까요? 보호자의 관심을 끌기 위한 행동인 경우가 많습니다. 반려견이 신발을 물었을 때 보호자의 대응이 신발을 무는 행동을 강화하기도 합니다.

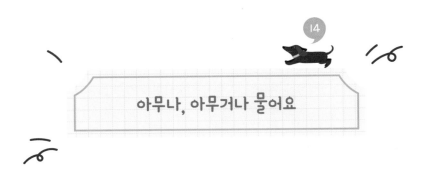

아무나, 아무거나 물어요

"처음에는 무는 게 아프지 않고 귀여워 그냥 놔뒀는데 강아지가 어느 정도 크면서 아프고, 무는 횟수도 늘었어요. 또 반려견과 노는 과정에서 자기 마음에 안 들면 공격적인 행동을 보일 때도 있습니다. 너무 아파서 소리를 지르고 때려보기도 했는데 더 심해지기만 하네요. 어떻게 하면 무는 행동을 고칠 수 있을까요?"

🐾 물렸을 때 소리를 지르거나 피하지 마세요

많은 분들이 처음에는 반려견의 무는 행동이 아프지도 않고 귀엽다는 이유로 넘어갑니다. 하지만 그럴 경우 사람을 무는 강도가 세질 수 있어 어릴 때부터 교정할 필요가 있습니다. 이제부터라도 "안 돼!" 하고 강력하게 말해주세요.

보통 개들의 무는 행동은 어렸을 때 장난이나 이갈이 시기에 깨무는 행동을 그대로 놔둬서 습관으로 남았거나 자신의 방어 행동 중 하나입니다. 개가 자신을 방어하기 위해 사람을 물었을 경우, 고통을 느끼며 아파한다거나 또는 피하는 행동을 보이면 다음번에 다시 그 방법을 사용할 확률이 높습니다. 자신이 사람을 깨물어 공격할 경우 얻을 수 있는 것을 학습했기 때문입니다.

반려견에게 무는 행동이 아무런 효과가 없음을 인식시켜주어야 합니다. 반려견 스스로 무는 행동이 효과가 없다는 것을 깨닫게 되면 무는 행동도 감소하게 됩니다. 개가 물었을 때는 "안 돼!" 또는 "그만!"이라고 말해 아프고 불쾌하다는 것을 강력하게 인식시켜주어야 합니다.

소리를 지르거나 순간적으로 겁을 먹고 피하는 행동들은 반대로 무는 행동에 대한 보상이 될 수 있습니다. 그리고 그 자리를 떠나서 아프게 물면 더 이상 같이 있거나 놀 수 없다는 것을 알려주세요. 반려견에게 가장 소중한 존재인 보호자가 떠나거나 같이 놀 수 없다는 것만으로도 충분한 효과를 발휘할 수 있습니다.

반려견이 무는 강도가 이미 세져서 본인의 의지와 상관없이 순간적으로 소리를 지르거나 피하게 되어 교육이 힘들다면 보호 장갑을 착용하고 교육을 진행해보세요. 때리는 행동이나 처벌은 개와 보호자와의 신뢰를 무너뜨려 더 좋지 않은 상황으로 몰고 갈 수 있음을 꼭 기억하시기 바랍니다.

Tip

1. 강아지의 이갈이 시기에 자연스럽게 나타나는 행동일 경우 개껌이나 물거나 씹으며 놀 수 있는 장난감을 제공합니다.
2. "안 돼!", "그만!"을 가르치고, 무는 행동을 할 경우 말로서 즉시 그만할 수 있도록 합니다.
3. 무는 행동을 무작정 못하게 한다면 스트레스로 인해 더욱 난폭해질 수 있으므로 마음 놓고 물고 뜯을 수 있는 장난감을 제공합니다.
4. 운동 부족으로 인한 스트레스가 원인일 수도 있으니 산책, 운동, 놀이를 통해 욕구를 해소해줍니다.
5. 반려견이 극도로 흥분한 상태라면 편히 쉴 수 있는 공간에 따로 격리한 후 안정을 찾게 됐을 때 다시 풀어줍니다.
6. 개가 사람을 무는 행동은 물리는 대상자나 반려견 모두에게 상당한 피해를 입히며 무엇보다 안전 및 생명과 직결되는 문제이기도 합니다. 심각할 경우 반려견을 안락사해야 하는 경우도 발생할 수 있으므로 무는 습관은 입양 첫날부터 의무적으로 교육해야 하며 무는 행동 및 공격성이 있는 반려견은 반드시 교정해주어야 합니다.
7. 보호자가 제어할 수 없다면 전문가와 상의할 것을 권합니다.

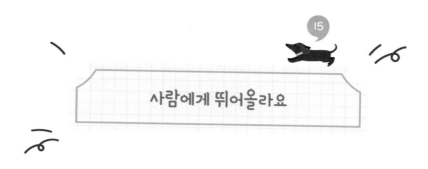

사람에게 뛰어올라요

"외출 후 집에 들어갈 때나 손님이 집에 방문했을 때 강아지가 자꾸 뛰어오르네요. 저야 기분 좋게 넘어갈 수 있지만, 손님들은 개가 갑자기 뛰어올라 놀라기도 하고 옷이 더러워져 불쾌해하기도 합니다"

🐾 뛰어오르는 행동에 관심을 두지 말고 올바른 행동을 유도하세요

개가 사람에게 뛰어오르는 행동이 상대방을 무시하는 행동이든, 단순히 반가움의 표현이든 사람의 입장에서는 불쾌할 수 있습니다. 특히 대형견의 경우에는 넘어져 다칠 위험도 있기 때문에 고쳐주는 것이 좋습니다.

반려견들의 많은 문제 행동들이 관심을 받기 위해 발생하곤 합니다. 뛰어오르는 행동 역시 어렸을 때는 귀엽다고 그냥 웃어넘기다 보니 자연스럽게 습관이 되고 강화된 행동들이 많습니다. 그런데 성견이 되고 나니 받아주기 버겁다고, 못하게 한다면 반려견 입장에서는 이해하기 힘들고 혼란을 느낄 것입니다.

처음부터 못하게 하는 것이 제일 좋은 방법이겠지만 이미 습관이 되어버렸다면 지금부터라도 반려견에게 올바른 인사법을 알려주어야 합니다. 보호자가 계속해서 관심을 보인다면 뛰어오르는 행동은 멈추지 않고 계속된다는 것을 명심해야 합니다.

*올바른 인사법을 알려주는 방법

① 반려견이 뛰어오르면 관심을 보이지 말고 무시하고 기다립니다. 앉아 교육이 되어 있다면 앉아 신호를 보내고, 얌전히 앉는다면 간식으로 보상합니다(만약 앉아 교육이 되어 있지 않다면 앉을 때까지 기다립니다).
② 밖으로 나갔다 들어와 다시 반복 훈련합니다. 반복할수록 뛰어드는 행동은 감소하고 보호자가 들어오면 앉아 기다리는 모습을 보일 것입니다.
③ 반려견이 사람과 올바르게 인사하는 방법을 인지할 때까지 매일 꾸준히 반복합니다.

사람에게 갑자기 뛰어올라 놀라게 하는 경우도 있지만 앞에서 끊임없이 폴짝폴짝 뛰는 반려견들도 있습니다. 이는 주로 소형견들에게서 나타나는데, 그 모습이 귀엽기까지 해서 애교로 넘어가는 경우가 많습니다. 마찬가지로 점점 심해지면 문제 행동으로 발전할 수 있습니다. 두 발로 서서 폴짝폴짝 뛰는 행동은 다리에 무리를 주고 관절을 다칠 수도 있고, 슬개골 탈구가 발생할 수도 있기 때문에 처음부터 못하게 하거나 교정해 주셔야 합니다.

 Tip

1. 반려견이 뛰어오르면 회피하거나 등을 돌려 피한 다음, 관심을 주지 말고 무시한 채 다른 일을 합니다. 반려견이 안정을 찾으면 칭찬과 보상을 해주세요.
2. 회피가 어렵거나 힘든 상황에서는 한쪽 다리를 들어 접근하기 어렵게 해보세요. 개가 뛰어오를 때 다리에 부딪히면 불쾌감에 뛰어오르는 행동이 감소할 수 있습니다.

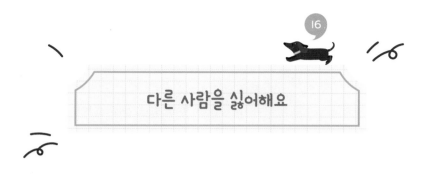

다른 사람을 싫어해요

"강아지가 저 말고는 다른 사람들을 싫어해요. 낯선 사람은 물론이고 제가 강아지를 안고 있거나 무릎 위에 올려놓을 때는 같이 사는 가족에게도 으르렁거리며 이빨을 보일 때가 있는데 어떻게 해야 할까요?"

🐾 다른 사람들과 어울리는 기회를 제공해주세요

사회화 시기를 어떻게 보냈느냐에 따라 반려견의 삶 자체가 변하게 됩니다. 반려견의 문제 행동은 사회화 훈련이 되어 있지 않기 때문에 발생하는 문제들이 대부분입니다.

또한, 사회성 훈련이 잘되어 있는 반려견들은 문제 행동이 발생한다고 하더라도 쉽게 고쳐지는 경우가 많습니다. 그래서 개의 사회화 시기에 제대로 된 교육이 이루어져야 하며, 그 시기를 놓쳤다고 하더라도 포기하지 말고 앞으로도 꾸준히 이루어져야 합니다.

특정인에게만 애착을 보이거나 집착을 하고, 그 외 가족이나 낯선 사람들을 싫어하는 개들과 함께 사는 것은 사람이나 반려견 모두에게 매우 힘들고 어려운 일입니다. 그렇기 때문에 다양한 사람들과 함께 어울릴 수 있도록 사회화 교육이 필요합니다. 먼저 가족들과의 관계가 개선되어야 합니다.

*가족들과의 관계 개선 방법

① 보호자 분은 과도한 애착을 줄여주세요. 반려견을 안거나 무릎 위에 올려놓는 것도 당분간 중단해야 합니다.

② 반려견의 식사나 간식은 당분간 다른 가족이 담당합니다. 식사나 간식은 그냥 주지 말고 "앉아", "엎드려" 같은 기본 훈련을 진행하고 보상하는 방식으로 조금씩 나누어 줍니다.

③ 간식(보상물)은 항상 준비되어 있어야 합니다. 보호자가 아닌 다른 가족에게 작은 애착이라도 보이거나 다가가면 항상 보상해 줍니다.

④ 산책이나 놀이도 다른 가족 위주로 진행해 주세요. 터그놀이 같이 흥분하기 쉬운

놀이는 피하는 게 좋습니다.

⑤ 이런 일상들을 매일 1∼2주 이상 반복해 주세요.

가족들과의 관계가 개선되었다면 낯선 사람들과의 만남도 즐거운 일이라는 것을 알려주세요. 처음에는 반려견에게 익숙하고 편안한 장소에서, 친근한 사람들을 대상으로 교육을 시작하는 게 좋습니다. 교육 전 사전에 낯선 사람에게 양해를 구하고, 훈련 과정에 대해 충분히 논의해서 훈련 과정에 대해 이해하고 있어야 합니다.

*낯선 사람들과의 관계 개선 방법

① 낯선 사람이 집에 방문하고 반려견이 안정을 찾을 때까지 기다려 줍니다.

② 안정을 찾으면 반려견이 좋아하는 간식을 반려견 근처에 던져줍니다. 반려견을 크게 의식하거나 관심을 받으려고 하기보다는 무심히 던져주고 반려견이 사람이 아닌 간식에 초점을 두도록 합니다.

③ 간식이 떨어지는 위치를 점점 간식을 주는 사람(낯선 사람) 쪽으로 가깝게 던져서 둘의 사이를 조금씩 좁혀줍니다(어느 정도 거리가 좁혀지면 낯선 사람을 경계해서 더 이상 다가오지 않는 경우도 있습니다. 이런 경우에는 다시 거리를 넓혀서 처음부터 진행해줍니다).

④ 내 앞에까지 반려견이 다가오게 하고, 주위에서도 간식을 받아먹을 수 있게 합니다.

⑤ 그리고 마지막에는 손으로 받아먹는 것까지 진행해보세요.

⑥ 여러 차례 반복해 주세요.

⑦ 다른 사람으로 같은 방법으로 친화를 유도하고, 한 명씩 친해졌다면 2명, 3명 인원 수를 늘려 갑니다.

⑧ 실내에서의 교육이 잘 이루어졌다고 판단되면 실외에서도 진행해 줍니다.

 Tip

1. 낯선 사람을 단순히 싫어하는 단계를 지나 심각한 공격성을 보이는 반려견 이라면 섣불리 교육을 진행하거나 다가서지 말고 전문가와 상담하세요.

2. 친화가 안 된 반려견에게 직접 다가가는 행동은 반려견을 불안하게 해서 도 망가거나, 반대로 공격성을 유발할 수 있습니다. 핵심은 반려견 스스로 다가 올 수 있게 하는 것입니다.

3. 특정 공간이나 집안에서 유독 심하게 나타나는 경우가 있습니다. 밖에서 먼 저 만나서 인사하고 같이 들어오는 것도 도움이 될 수 있습니다.

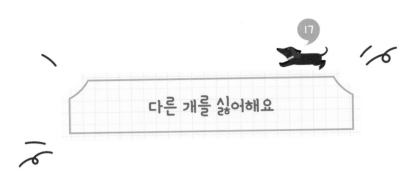

다른 개를 싫어해요

"산책 중에 다른 강아지들을 보면 심하게 짖고 달려들려고 해서 산책이 힘들어요. 공원 같은 곳에서도 다른 강아지들을 만나면 혼자서만 어울리지를 못하는 것 같습니다. 애견카페에 가서 풀어놓고 사회화 훈련을 시켜주려고 만남을 시도했으나 전혀 좋아지지 않는데 우리 강아지 다른 강아지와 친해질 수 있을까요?"

🐾 다른 강아지와 즐거운 경험을 쌓도록 해주세요

심하게 짖고, 물고, 공격적인 성향을 보이는 등 반려견의 문제 행동은 사회화 시기에 적절한 교육이나 경험이 없어 발생하는 문제가 대다수입니다. 또는 어렸을 때 첫 경험들이 나쁜 기억과 연관되어 발생하기도 합니다.

이렇게 사회성이 떨어지는 반려견들의 경우 사람들을 싫어하는 것과 비슷한 이유로 다른 개들을 싫어하게 되는 이유가 되기도 합니다. 이 역시 사람과 함께 살아가는데 많은 불이익이 발생하고 있습니다. 더 늦기 전에 하루라도 빨리 다른 개나 동물들과도 잘 어울릴 수 있게 만들어주어야 합니다.

다른 강아지들과 친하게 지낼 수 있게 사회화 교육을 한다는 이유로 애견카페나 모임에 가서 다른 친구들과 사이좋게 지내라고 풀어놓는 분들이 많은데, 전혀 도움이 되지 않습니다. 오히려 더 겁을 먹거나 공격적으로 변해 상황을 악화시킬 수 있습니다. 이 같은 보호자의 행동은 깡패나 범죄자들의 소굴에 내 아이를 홀로 등을 떠미는 것과도 같습니다. 강제적인 만남은 피하고, 스스로 다가갈 수 있도록 자연스럽고 친숙한 환경을 만들어주세요.

가장 좋은 방법은 도움을 줄 수 있는 반려견이 함께하는 것입니다. 도움을 줄 상대 강아지는 사회화 훈련이 잘되어 있어 성격이 차분하고 안정적이며 다른 강아지에게 예절 바른 반려견이어야 합니다. 처음 훈련은 반려견에게 있어 가장 편안하고, 조용하며 익숙한 장소에서 시작합니다.

① 반려견이 상대 반려견을 크게 의식하지 않는 거리까지 벌려주고 얌전히 있으면 칭찬하고 보상을 합니다. 거리를 넓힌 상태에서 서로 산책을 하거나 걸으면서 진행하는 것도 좋은 방법입니다.

② 거리를 점점 좁혀가면서 원하는 반응을 보일 때마다 보상합니다. 절대 무리하게 거리를 좁히지 말고 충분히 적응 가능한 거리만큼만 좁혀가는 것이 중요합니다. 하루만에 가까워지는 개들도 있고, 며칠, 몇 달이 걸리는 개들도 있습니다. 절대 조급해하지 마세요.

③ 바로 앞에까지 접근해도 짖거나 싫어하는 행동을 보이지 않고 긍정적인 반응과 행동이 나타날 때까지 계속 반복해 주세요.

④ 무리 없이 서로 접촉이 가능하고, 냄새 맡고, 옆에 다른 개가 있어도 안정적일 때까지 훈련과 보상을 반복해 주세요.

⑤ 자주 만남을 갖고 산책도 같이해보세요.

⑥ 다른 반려견과도 같은 방법으로 진행해보세요. 갑자기 여러 마리를 만나게 하는 것은 원점으로 다시 돌아가게 할지도 모릅니다. 한 마리씩 훈련해주세요.

⑦ 한 마리씩 만남과 인사가 원활하다면, 한 마리씩 늘려 진행을 합니다.

⑧ 산책모임이나 산책친구들을 만들어 자주 만나 함께 산책하면서 사회성을 꾸준히 길러주셔야 합니다.

Tip

1. 다른 개들이나 동물들에 보이는 공격성이 심각한 수준이라고 판단되면 섣불리 교육을 진행하지 말고 전문가와 상담하세요.

2. 사람이나 기타 동물에게 공격성이 있는 반려견은 산책이나 외출 시 입마개 착용은 필수입니다.

3. 사람이나 기타, 다른 동물을 싫어하는 반려견이라면 교육이 완료되기 전까지 산책할 때 사람이나 다른 개와의 접촉을 최대한 피하는 것이 좋습니다. 원하지 않는 만남이 많아질수록 훈련은 더 어렵고 힘들어집니다.

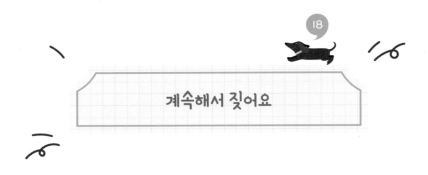

계속해서 짖어요

"개가 하루 종일 짖어서 이웃들로부터 민원이 많이 들어옵니다. 아무리 달래고 야단쳐도 소용없는 우리 강아지 어떻게 하면 좋을까요?"

🐾 생활 패턴을 개에게 들키지 마세요

반려견이 짖을 때 보호자의 반응들은 대부분 짖는 행동을 반대로 보상하는 경우가 많기 때문에 짖는 문제 역시 직접적인 처벌보다는 무시하는 방법이 더 효과적입니다.

반려견은 사람의 반복적인 생활 패턴에 적응되어 있습니다. 정해진 산책 시간이 다가오면 반려견은 신기하게도 짖어대며 주인을 재촉합니다. 또 밥을 먹을 시간이 되면 보호자가 밥을 주기 전부터 짖어대며 보호자에게 먹을 것을 달라고 부르기 시작합니다. 이럴 때 반려견의 반응에 응해주기보다는 철저히 무시하세요. 평소에 반려견이 생활 패턴을 예측할 수 없도록 하는 것이 반려견의 스트레스와 짖는 문제를 줄여주는 데 도움이 됩니다.

공포나 두려움으로 인해 방어적으로 짖는 개들은 안심하고 편하게 쉴 수 있는 개집을 마련해 주면 도움이 됩니다. 낯선 사람의 침입에 대해 덜 반응할 것입니다. 이 밖에도 평소 밖에서는 놀이와 산책, 운동 등으로 반려견의 욕구를 충족시켜주고, 집안에서 편하게 쉴 수 있게 해주는 것이 반려견의 짖는 행동을 어느 정도 감소시킬 수 있습니다. 마사지를 통해 개의 마음을 편안하게 하는 방법도 있습니다.

간혹 짖음방지기가 부착된 목걸이를 활용하는 경우도 있습니다. 이는 향분사식, 전기충격식, 진동식 등이 있는데 짖는 것은 개들의 본능적 행동입니다. 이를 인위적이고 가학적인 방법으로 억제한다면 더욱 힘들어하고 불안과 공포를 조장하여 다른 문제 행동으로 이어질 수 있기 때문에 추천하지 않습니다.

🐾 "짖어"와 "조용해"를 가르쳐주세요

개는 짖는 동물이기 때문에 짖는 행동을 아예 못하게 할 수는 없습니다. 또한, 짖는 행동은 보호자가 예측하지 못하는 상황에서 벌어지는 경우가 많아 교정이 힘든 부분도 있습니다. 그렇기 때문에 과도하게 짖거나 짖으면 안 될 때 짖을 경우 우리는 반려견이 조용할 수 있도록 훈련 시켜야 합니다. 반려견이 짖지 않게 "조용해"를 가르치기 위해서는 먼저 짖는 훈련 "짖어"를 가르쳐주어야 합니다.

*"짖어" 배우기 훈련

① 간식 또는 장난감으로 강아지가 짖도록 유도합니다. 어떻게 해야 할지 고민하는 반려견은 이전에 배운 앉아도 해보고 엎드려도 하는 등 이것저것 해보다가 안 되면 짖게 되는데 이때 잘했다고 칭찬하고 간식을 줍니다.
② 처음에는 작은 짖음이나 끙끙 혹은 낑낑대는 것만으로도 칭찬과 보상을 하고 반복해 잘 짖을 때까지 훈련합니다.
③ 잘 짖기 시작하면 신호를 알려줍니다. "짖어"라고 말하고 짖으면 칭찬과 보상을 합니다. 보호자의 신호 "짖어"를 인지할 때까지 반복합니다.

"짖어"를 배우는 훈련만으로도 반려견의 짖는 행동을 감소시키는 순기능이 있습니다. 반려견은 단순히 짖을 때는 보상이 없는데, 보호자가 "짖어"라는 신호를 보낼 때 짖으면 보상을 받는다는 것을 알기 때문에 평소에 짖는 행동이 감소하게 됩니다.

Tip

평소 잘 짖는 반려견이라면 짖는 행동이 더 빨리 나올 수도 있고, 짖는 행동을 유도하기 힘들다면 평소 잘 짖는 원인을 인위적으로 발생시켜 짖음을 유도할 수도 있습니다. 예를 들어 초인종을 인위적으로 눌러 짖음을 유발해 짖는 행동을 유도해서 가르쳐보세요.

*"조용해" 배우기 훈련

① 반려견에게 "짖어"를 시켜 짖게 합니다.

② 계속 짖고 있을 때 "조용해("쉿", "조용해", "그만" 등의 신호)" 라고 말합니다.

③ 반려견이 짖음을 멈추면 잘했다고 칭찬과 보상을 해줍니다. 반려견이 짖음을 멈추지 않는다면 다른 것에 집중하도록 유도하거나 손에 들고 있던 간식을 이용해 반려견의 얼굴 앞에 보여주세요. 짖는 것을 멈추고 간식에 반응을 보이게 됩니다. 짖음을 멈추면 보상해 주세요.

④ 여러 번 반복해 주세요.

⑤ 짖음을 멈추고 조용히 기다리는 시간을 점점 늘려주세요.

"조용해"까지 배웠다면 이제 초인종 소리 또는 반려견이 평소 잘 짖는 원인을 찾아 인위적으로 짖는 상황을 만들어주세요. 한 사람은 밖으로 나가 초인종을 누르고 안에서는 반려견이 짖을 때, "조용해"라는 신호를 보내서 조용히 대기하면 잘했다고 보상해 줍니다. 초인종 소리뿐만 아니라 평소 짖음이 유발되는 상황에서도 다양하게 훈련시켜 줍니다.

사실 반려견의 짖음은 계속되는 반복으로 습관이 되었고, 더 나아가 짖는 행동이 강화되어 짖음의 원인이 사라졌음에도 불구하고 계속해서 짖는 경우가 많습니다. 짖을 때 "조용해"라고 말하고 1분 이상 얌전히 기다리도록 해주면 그사이 짖음을 유발한 원인은 사라지기 때문에 자기가 왜 짖었는지 잊게 됩니다. 반려견의 입장에서는 계속해서 짖을만한 이유가 사라져 버린 겁니다. "조용해"를 시키고 조용해지면 앉아, 엎드려 등 다른 긍정적인 행동으로 유도하거나 "하우스"를 시켜 집안에 들어가게 하는 것도 짖음을 방지하는 데 도움을 줄 수 있습니다.

 Tip

1. 집 안에서 짖을 때
: 낯선 사람의 방문, 초인종 소리, 밖에서 나는 소리, 보호자가 외출할 때, 보호자가 외출 후 귀가했을 때, 혼자 남게 되었을 때
2. 밖에서 짖을 때
: 사람들의 움직임에 반응, 개나 고양이 또는 기타 동물들에 반응, 자전거나 오토바이, 자동차의 모습이나 소리에 반응 등 여러 움직임과 소리에 대한 반응

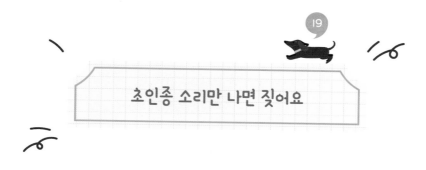

초인종 소리만 나면 짖어요

"아파트에 거주하고 있는 사람입니다. 요크셔테리어를 입양할까 생각 중인데 주위에 강아지를 키우는 사람들을 보면 초인종 소리에 예민하게 반응하고 많이 짖어 고민이라던데 예방하는 방법이 없나요?"

🐾 초인종을 누르고 들어와 간식을 선물하세요

초인종 소리에 강하게 짖는 문제는 반려견을 키우는 분들의 공통된 고민 중 하나가 아닐까 싶습니다. 이를 예방하기 위해서는 먼저 반려견이 초인종 소리에 왜 반응하고 짖는지부터 알아야 합니다. 처음부터 초인종 소리에 반응하는 반려견은 거의 없습니다. 반려견이 초인종 소리에 반응하게 되는 이유는 낯선 사람의 외부침입에 대한 경계심이 있기 때문입니다. 초인종이 울리면 그다음 문을 열고 낯선 사람이 자기 영역으로 침입해 온다는 것을 여러 번 경험했습니다.

초인종 소리를 낯선 사람, 외부침입자로 연관시키지 않고, 좋은 사람이라는 공식으로 바꾸어 주는 방법이 있습니다. 초인종을 누르고 집안으로 들어서며 반려견이 좋아하는 간식이나 장난감을 반려견에게 주는 방식입니다. 이때는 친해지려고 개를 쓰다듬거나 말을 거는 것이 아니라 반려견은 무시한 채 건네주어야 합니다. 이러한 방법이 어느 정도 익숙해지면 개에게 아는 체를 하고 반기는 것으로 서서히 전개해 주어야 합니다('다른 사람을 싫어해요' 참조).

🐾 출입문과 거리가 떨어진 곳에 개집을 마련해주세요
개집이 없을 경우 반려견은 집안 전체를 자기가 지켜야 할 영역으로 생각해 스트레스를 받습니다. 또 사람이 많이 다니는 문 앞에서는 안정을 찾지 못하고 불안을 느낍니다. 자신만의 아늑한 공간이 있으면 심적으로 많은 안정을 찾는데 큰 도움이 됩니다.

🐾 초인종 소리를 자주 들려주는 것도 하나의 방법입니다

평소 집에 있을 때도 수시로 초인종을 눌러주세요. 초인종이 울리면 꼭 누군가 들어온다는 공식이 깨지고, 초인종에 무뎌지게 될 것입니다. 사실 짖음이 발생하지 않은 상태에서 처음부터 이런 교육이 효과는 있지만 이미 짖음이나 경계심이 발생한 시점에서는 교정이 안 되거나 어렵다고 말하는 분들이 상당히 많습니다. 왜 그런지는 반려견이 왜 짖는지부터 원인을 찾아보아야 합니다.

어떤 특정한 상황에 대해 반려견은 자신의 경험과 연관을 지어 생각하는 경우가 많습니다. '초인종 소리=낯선 사람의 침입'이라는 공식이 발생하게 되는데, 시간이 지나면 '문밖에서 나는 소리=낯선 사람의 침입'으로 발전하고, 그다음에는 '엘리베이터 소리=낯선 사람의 침입', 더 나가게 되면 건물 외부에서 들리는 소리는 모두 낯선 사람의 침입이라는 공식으로 발전하게 됩니다.

즉, 이미 '초인종 소리=낯선 사람의 침입'이라는 공식은 반려견에게 적용되고 있지 않다는 말이기도 합니다. 초인종 소리 외 수많은 경우가 원인으로 짖음이 유발되고 있고 보호자는 이 모든 상황에 맞게 교육하는 것이 이미 버거워진 상태가 되어버린 것입니다. 특정한 상황들에만 짖음을 보였던 반려견들은 짖는 행동이 이미 습관이 되어버렸고 반려견의 짖는 행동에 잘못된 보호자의 대처로 짖는 행동은 점점 강해져 고치기 어렵습니다. 그래서 반려견의 문제 행동은 문제가 발생하고 나서 교정하는 것보다 문제가 발생하기 전에 사전에 교육해서 방지하는 것이 더 효과적일 수 있습니다.

짖음을 방지하는 것은 정말 어려운 문제입니다. 교정을 했더라도 재발하는 경우도 많습니다. 그래서 좀 더 근본적인 원인을 찾아 해결하는 것이 확실한 방법일 것입니다. 개는 왜 짖을까? 초인종 소리는 외부인의 침입으로 간주하게 되어서 짖는다? 그런데 잘 생각해보면 낯선 사람이 집주인의 허락 없이 무단으로 침입한다고 가정해도 어린아이들이 나서서 제지하거나 나가라고 하지 않습니다. 보통의 정상적인 상식으로는 보호자인 어른들이 나서서 대처하는 것이 일반적입니다. 그럼 반려견은 외부인의 침입에 왜 자기가 직접 나서서 짖고 외부인을 쫓는 것일까요? 그것은 아마도 주도권을 보호자가 아닌 반려견에 있고, 보호자는 이미 반려견에게 있어 불안한 대상이며 믿을 수 없는 대상이라고 이해할 수 있습니다.

반려견들은 반복적이며 규칙적인 생활패턴으로 본인들이 어떻게 하면 되는지 배우기도 합니다. 규칙이 깨지고 일관성 없이 상황에 따라서 이랬다가 저랬다가 하는 것은 반려견을 불안하게 만들고 보호자를 믿지 못하게 됩니다. 우리는 반려견의 보호자라고 말하고 있지만 정작 반려견은 자신들이 보호자라고 생각하며 모든 위험과 불안으로부터 사람과 집을 지키고 있는 것은 아닐까 하고 고민해볼 필요가 있습니다. 그럼 오늘부터 당장 "이 집의 주도권은 내가 가지고 있고, 너는 안심하고 있어도 돼. 앞으로 문제는 내가 모두 해결할게"라고 반려견에게 알려주는 방법이 짖음을 방지하는 최고의 방법이 될 수 있을 것 같습니다.

① 집안에서 가장 안전한 장소인 방에 개집(하우스)를 비치하고 개집 안에 간식이나 장난감을 사전에 비치해둡니다.

② 초인종을 울리고 반려견이 짖습니다.

③ 반려견이 더 이상 대응하지 않도록 반려견을 개집 안으로 보냅니다. 이때 강아지를 안아서 개집 안에 넣는 것은 큰 도움이 되지 않습니다. 하우스 훈련을 사전에 교육해주세요. 하우스로 잘 가지 않으려고 한다면 줄을 묶어 이동시키거나 칸막이 등으로 개를 몰아 직접 안으로 들어갈 수 있게 합니다.

④ 하우스 안에 들어가면 문을 닫고 잘했다고 보상해주고 잠시 후 안정

을 찾으면 문을 열고 보상해 줍니다.

⑤ 초인종이 울리면 스스로 하우스 안으로 들어가는 행동까지 할 수 있
게 반복 훈련해주세요.

⑥ 도움을 줄 수 있는 외부인을 초대하고 초인종을 누르게 합니다(처음에
는 가족 중 다른 사람이 외부인 역할을 하는 것도 도움이 됩니다).

⑦ 반려견이 집으로 달려가면 문을 닫은 후 잘했다고 칭찬하고 보상을
해줍니다.

⑧ 보호자와 외부인은 거실에 앉아 차분히 기다리면서 대기합니다.

⑨ 반려견도 안정을 찾으면 문을 열어주고 보상합니다.

⑩ 반려견이 익숙해질 때까지 계속해서 반복해 줍니다.

여러 번 반복 훈련을 하게 되면 나중에는 초인종 소리만 들리면 문 앞으로 달려가 짖는 게 아니라 하우스로 달려가게 됩니다. 그곳으로 가면 안전하고 하우스 안에는 맛있는 간식과 장난감이 기다리고 있기 때문입니다. 물론 문제 해결은 믿음직한 보호자가 잘 해결하고 있으니 밖에서는 아무런 문제가 발생하지 않는다는 것도 알게 됩니다.

밖에서 들리는 학습지 선생님의 차 소리만 들리면 하우스로 달려가는 몰티즈 야시와 겨울이. 초등학교에 다니는 두 자녀 유빈과 수빈이의 학습지 방문 교육을 한 적이 있습니다. 그 시간 때에 어른들이 모두 집을 비우는 시간 때라 걱정했었는데 다행히 선생님께서 강아지를 좋아하는 분이라 문제없이 공부할 수 있었습니다.

하지만 문제는 일주일 만에 나타났습니다. 평소 얌전했던 몰티즈 야시와 겨울이가 선생님의 방문에 초인종 소리만 들리면 짖는 행동이 나타나기 시작했습니다. 훈련이나 대처를 할 수 있는 어른들은 모두 집에 없는 상태라 저는 아이들이 할 수 있는 방법을 찾으려 했습니다. 제가 찾은 방법은 선생님께 집 앞에 도착하면 연락을 달라고 부탁한 것입니다. 저는 선생님의 연락을 받으면 다시 아이들에게 전화해서 야시와 겨울이를 하우스 안에 넣어두라고만 말했습니다.

그렇게 10일 정도가 지났을 때쯤 선생님께 연락이 오기도 전에 아이들에게 먼저 연락을 받았습니다. 전화를 받자마자 큰 아이는 흥분되어 저에게 이렇게 말했습니다. "아빠 야시랑 겨울이가 선생님이 오시기도 전에 어떻게 알고 스스로 하우스 안에 들어가 있어? 정말 똑똑한 것 같아!"라며 즐거워하더군요. 그리곤 바로 선생님께 연락이 왔습니다. "아버님 지금 막 집 앞에 도착했습니다. 지금 들어갈게요". 네 맞습니다. 매일 반복되는 패턴에 야시와 겨울이는 선생님의 차 소리를 듣자마자 집 안으로 들어가 버린 것입니다.

천둥소리를 무서워해요

"우리 개는 천둥소리를 너무 무서워해요. 천둥이 치면 낑낑대며 안절부절못하고 심할 때는 오줌을 지리기도 합니다. 괜찮다고 쓰다듬어줘도 마찬가지네요. 천둥소리에 놀라지 않을 방법 없을까요?"

🐾 천둥소리를 작게 들려주며 조금씩 익숙하게 해주세요

어떤 큰 소리에 그것도 갑작스럽게 들리는 소리에 겁을 먹고 피하는 행동은 지극히 당연하다고 볼 수 있습니다. 위험으로부터 자신을 보호하려는 동물의 본능적인 행동 중 하나이기 때문입니다. 하지만 그 정도가 매우 심각한 수준이라면 문제가 있습니다. 소리에 대해 공포를 느끼는 개들은 유전적 요인이라는 의견도 있고, 후천적이라는 의견도 있습니다. 이유야 어떻든 심각한 수준이 아니라면 충분히 교정할 수 있기에 교정은 빠를수록 좋습니다.

사회화 시기에 소리에 대한 자극의 기회가 부족했던 개들에게서 자주 발생한다고 볼 수 있습니다. 반대로 이 시기 소리에 적응되지 않은 상태에서 갑작스럽게 천둥소리처럼 큰 소리에 노출됐을 때 느꼈던 공포의 기억이 그대로 남아 천둥소리를 무서워하는 개가 되었을 수도 있습니다. 반려견이 공포를 느끼지 않을 정도의 소리부터 계속해서 반려견에게 들려줘 적응시킬 것을 권해봅니다. 최대한 볼륨을 낮춰 들려주다가 서서히 볼륨을 높여주세요. 스스로 적응하고 천둥소리는 무서운 소리가 아니라는 것을 인식시켜야 합니다. 먹이나 간식을 줄 때 들려주는 것도 방법이 될 수 있습니다.

작은 소리에 적응이 되었다고 갑자기 큰 소리로 넘어가서는 안 됩니다. 시간을 길게 잡고 천천히 익숙해지도록 해주세요. 개에게 공포감을 주는 소리는 너무 높거나 낮아서 인간의 귀로는 듣기 어렵습니다. 그러나 청력이 민감한 개들에 있어 천둥과 같은 시끄러운 소리는 공포의 대상이 될 수 있습니다. 개가 천둥소리에 광적으로 반응한다면 다음 네 가지를 기억할 것을 전문가들은 추천합니다.

① 공포에 대한 주된 징후(헐떡임, 서성거림, 일반적인 불편함 등)를 포착하라.
② 서서히 자극의 강도를 높이면서 보상과 칭찬으로 둔감하게 만들고 반대조건을 부여하라.
③ 중대한 공포 반응(땅파기, 숨기, 통제 불가 반응 등)을 이해하라.
④ 오직 동물과 다른 이들의 신변 보호를 위해서만 약을 사용하라(인내심과 이해심을 가져라).

사실 천둥소리를 무서워하는 개들을 교정한다는 것은 쉽지 않습니다. 짖음에 관한 문제에서도 언급했듯 개는 어떤 사건과 관련해서 특정한 원인에 한정된 것이 아니고 연관되어 있습니다. 여러 가지 원인이 있듯 천둥소리에 대한 개의 공포와 불안은 단순히 소리의 자극에만 국한되어 있지 않습니다.

초인종 소리에 짖는 반려견의 경우 마지막 자극이 초인종 소리였듯 어쩌면 천둥소리에 대한 공포와 불안 역시 천둥소리가 제일 마지막 자극이었을 가능성이 있습니다. 또 천둥소리가 들리기 전에 번개가 먼저 친 것에 대한 반응이었을 수 있고, 폭풍우를 동반한 강풍, 습도, 정전기 등 수많은 자극에 의한 불안이었을 수도 있습니다. 이처럼 천둥의 어떤 자극으로 불안과 공포를 느꼈는지 모르기 때문에 이를 치료하는 것은 매우 어려운 일입니다.

그렇다고 천둥이 치면 그 상황에 대해 막연하게 괜찮고, 아무렇지 않다며 개를 그 상황에 노출하는 것은 개를 더 불안하게 만들고 상황을 악화시킬 수 있습니다. 반려견이 편안하고 안전하게 쉴 수 있는 공간을 마련해 주세요. 좀 더 정확히 말씀드리면 쉴 수 있는 공간이라기보다는 안전하게 숨을 수 있는 공간이 맞는 표현인 것 같습니다. 사방이 막히고 차단된 공간이 좋습니다. 소리를 최대한 막아줄 수 있는 공간이면 더 좋고요. 하지만 사람이 아무리 "이곳은 안전한 장소야!"라고 알려줘도 개들은 다른 장소가 더 안전하다고 생각할 수 있습니다. 켄넬(하우스)이나 화장실, 방문 등 어디든 개방해두는 것도 좋습니다. 스스로 안전하다는 곳에 숨을 수 있게 해주세요.

한때 정전기가 원인이 될 수 있다며 정전기를 보호하고 안정을 주는 옷이나 담요 등이 판매되기도 했습니다. 마찬가지로 도움이 되는 개도 있지만 그렇지 않은 반려견들도 많습니다. 한 가지 원인으로만 한정 짓지 말고, 여러 가지 원인과 변수에 대해 생각해봐야 합니다. 평소 강아지가 무서워할 때 피하고 숨을 수 있는 공간을 사전에 준비해주시고, 소리에 대한 둔감화 훈련과 함께 정전기로부터 보호하고, 안정을 줄 수 있는 제품도 함께 사용하면 좋습니다. 반려견의 불안의 정도가 매우 심각한 수준이라 판단된다면 때로는 심리안정에 도움이 되는 약물치료도 수의사와 상담하여 신중히 고려해볼 수 있습니다.

 Tip 절대 하지 말아야 할 것

1. 과도한 반응이나 다독임은 불안을 높일 수 있어요. 보호자 먼저 차분하고 안정적인 모습을 보여주세요.
2. 때리거나 야단치는 행동은 절대 하지 말아야 합니다. 반려견을 더 불안하게 만들어요. 처벌은 상황을 더 악화시킬 뿐입니다.
3. 현재 상황에 그대로 노출시켜 아무렇지 않다는 것을 가르치는 분들도 계십니다. 하지만 작은 불안이나 이겨낼 수 있는 스트레스는 도움이 될 수 있지만, 공포심이라는 감정이 들면 돌이킬 수 없는 상황을 만들기도 합니다. 절대 하지 마세요.
4. 켄넬(하우스) 또는 특정 방에 가두는 행동도 불안과 스트레스를 증가시킬 뿐 아무런 도움이 되지 못합니다.

차만 타면 불안해해요

"평소 여행을 좋아하는 우리 부부에게 얼마 전부터 고민이 생기기 시작했습니다. 다름 아닌 두 달 전에 입양한 강아지가 차만 타면 불안해하고, 짖고, 심지어 차 안에서 오줌을 지리기까지 하네요. 강제로 계속해서 태우고 다녀서 그런지 이제는 차만 보면 벌벌 떨며 공포 반응을 보이기도 합니다"

🐾 1분, 5분, 10분 천천히 차에 타는 시간을 늘려주세요

사람들의 일상생활에서 차는 빼놓을 수 없는 일부가 되었습니다. 그렇기 때문에 반려견들도 얌전히 차를 탈 줄 알아야 합니다. 처음부터 또는 시간이 지나면서 자연스럽게 잘 적응하는 반려견들은 큰 문제가 없지만 간혹 차량 탑승에 강한 거부감과 공포심을 보이는 반려견도 있습니다. 만약 반려견이 차에 대한 탑승을 거부한다면 무리하게 강제로 개를 탑 승시키지 마세요.

① 차 근처에서 자유롭게 생활하도록 놀아줍니다.
② 어느 정도 차에 대한 거부감이 사라졌다면 차 주위에서 공놀이나 기 타 개가 좋아하는 놀이도 함께하며 차가 해로운 것이 아님을 인식하 게 해줍니다.
③ 차 문을 열고 차 안에 간식과 장난감들을 넣어 개가 자유롭게 왔다 갔다 할 수 있도록 합니다.
④ 차의 시동을 켜놓은 상태에서 적응시켜 줍니다.
⑤ 멈춰 있는 차 안에서 보호자와 함께 잠시 들어가 있도록 합니다.
⑥ 아주 조금씩 차를 이동시킨다. 1분, 5분, 10분 순차적으로 시간과 거 리를 늘립니다.

반려견이 차를 타기 싫어하거나 차를 타면 짖거나 흥분하는 까닭은 대 개 차 안이라는 낯선 환경에 대한 두려움 때문일 것입니다. 사람도 낯선 환경에서 적응 기간이 필요하듯 반려견들 또한 마찬가지입니다. 조급한 마음에 강제로 차에 태우기보다는 반려견이 천천히 차와 친해질 수 있도록 도와주세요.

차를 이용한 장거리 이동은 구토와 멀미를 일으킬 수 있습니다. 여행이나 이동이 계획되어 있다면 한 끼 정도 식사는 피하는 게 반려견에게 더 좋습니다. 위급 사항이나 사고가 발생할 경우 반려견은 사람에 비해 더 크게 다칠 위험이 있습니다.

반려견과 함께 차를 이용해 이동할 땐 이동장 또는 켄넬 안에 반려견을 넣고 안전벨트를 꼭 착용해주어야 합니다. 간혹 불쌍하다는 이유로 차 안에 그냥 태우고 차를 운행하시는 분들이 있는데, 이동장이나 켄넬 안에 있을 때 반려견은 더 안정감을 느끼며, 운전자 또한 반려견에게 신경을 쓰지 않아도 되기 때문에 사고의 위험을 줄일 수 있습니다.

아직도 주위에서 흔하게 반려견이 창문 밖을 내다보고 있거나 아니면 운전자 무릎 위에 그대로 반려견을 태우고 운행을 하시는 분들이 있는데 안전은 타협 대상이 아닙니다. 작은 사고로도 반려견은 생명을 잃을 수도 있는 문제인 만큼 꼭 지켜주시기 바랍니다.

Tip

1. 중간에 자주 쉬었다 가세요. 어린 강아지나 노견이라면 쉬는 주기는 더 짧을
   수록 좋습니다.
2. 반려견을 켄넬이나 이동장에 넣고 차에 타는 것보다 미리 켄넬을 차 안에 넣
   어두고 스스로 켄넬 안에 들어갈 수 있게 하는 것도 좋은 방법입니다(하우스
   훈련이 사전에 되어 있어야 합니다).
3. 사람과 마찬가지로 구토나 어지럼증을 호소하는 멀미를 하는 반려견도 있습
   니다. 멀미 증상이 있는 반려견들은 훈련만으로 차에 타는 문제를 해결할 수
   없습니다. 이동 전 수의사와 상담하여 멀미약을 급여하시기 바랍니다.

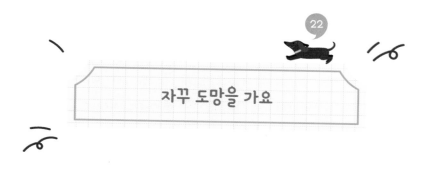

자꾸 도망을 가요

"바쁘다는 핑계로 산책을 자주 시켜주지 못하다가 가끔 한적한 공원을 찾아 줄을 풀고 마음껏 뛰어놀게 해주곤 합니다. 그런데 교육을 안 해서인지 집에 가려고 부르면 저에게 오지 않네요. 자꾸 도망만 다니는 이 녀석을 어떻게 하면 좋을까요?"

🐾 반려견을 쫓아가지 말고 그 자리에 멈춰 보세요

반려견을 통제할 수 없다면 반드시 줄을 채운 상태에서 산책이나 외출을 하셔야 합니다. 도로에 뛰어들어 위험할 수 있고, 다른 사람이나 동물들에게 폐를 끼칠 수 있기 때문이죠. 또한 부르면 오는 훈련과 올바른 산책 방법을 꼭 교육해주시기 바랍니다(Part 3 참조).

반려견들이 왜 도망을 다닐까요? 재미있기 때문입니다. 쫓고 쫓기는 놀이를 즐기고 있는 것입니다. 반려견을 쫓아가지 말고 그 자리에 멈춰서 반려견을 불러 보세요. 그래도 오지 않는다고요? 그럼 반려견을 무시하고 반려견과 반대 방향으로 틀어 집으로 향하세요. 이때 뛰어가면 더 효과적일 수 있습니다. 반려견과 거리가 멀어졌다 싶으면 당신을 향해 뛰어오는 반려견의 모습을 볼 수 있을 거예요. 개가 유난히 좋아하는 장난감이나 간식 등을 외출이나 산책 시 들고 나가 개가 도망갈 때 유혹해보는 것도 큰 도움이 될 수 있습니다.

간혹 유기가 아닌 보호자를 피해 도망쳤거나, 집을 나와 집 근처를 배회하고 있는 길 잃은 반려견들을 자주 목격하게 됩니다. 스스로 반려견을 통제할 수 없거나 불러도 오지 않아 반려견을 잡지 못한다면 어떤 장소에서든 절대로 줄을 풀면 안 됩니다. 그리고 반려견을 잃어버린 분들은 찾을 수 있는 모든 수단을 동원해서 찾으려 노력해야 합니다.

 Tip

이중문 설치, 인식표 착용, 목줄 착용은 반려견의 안전과 생명을 지키기 위한 최소한의 조치이며 의무사항입니다.

야단을 쳐도 못 들은 척 하품만 해요

"개가 오줌을 지리고 다녀서 너무 창피하고 화가 나 A/S 기사님이 돌아가신 후 야단을 치고 벌을 주었는데, 이 녀석이 반성은커녕 저를 무시한 채 하품만 쩍쩍하는 거예요. 저를 자신보다 서열이 낮다고 생각해 무시하는 걸까요?"

🐾 개는 불편하거나 긴장하면 하품을 해요

이런 개의 행동 역시 많은 사람들의 오해 중 하나입니다. 먼저, 개는 지난 행동에 대해 전혀 기억하지 못하며, 이전 상황과 현재 상황을 연결하지 못합니다. 즉, A/S 기사님이 왔을 때 오줌을 지린 행동을 반려견은 이미 잊고 있는데 보호자가 나를 보며 잘못했다고 막 야단을 치고 있으니 반려견의 입장에서는 얼마나 당황스러울까요?

이런 상황에서 반려견의 하품은 무슨 의미일까요? 반려견 역시 사람처럼 지루하거나 졸음이 밀려올 때 하품을 합니다. 하지만 반려견에게는 이러한 의미 외에도 하품하는 또 한 가지 이유가 있습니다. 그것은 바로 현재 상황이 불편하거나 긴장을 했을 때입니다. 반려견은 자신이 무엇을 잘못했는지도 모르고 보호자에게 야단을 맞는 상황에 몹시 긴장한 듯합니다. 무언가 곤란하고 이해하기 어려운 일에 처했을 때 하품을 함으로써 긴장과 스트레스를 풀려는 의도와 함께 상대방에게 "나는 불편합니다. 그러니 그만하시고 진정하세요"라는 시그널을 보내고 있는 것입니다.

반려견이 오줌을 지렸나요? A/S 기사님이 오셨을 때 반려견이 오줌을 지렸다면 아마도 그것은 무섭거나 반대로 너무 반가워서 그랬을 것입니다. 반려견이 오줌을 지리는 것은 배변 훈련에 대한 실수나 일부러 하는 행동이 아닌 심리적으로 불안해서 보이는 복종성 배뇨, 또는 너무 반가워 흥분해서 보이는 흥분성 배뇨현상입니다.

복종성 배뇨의 경우에는 여러 사람과의 사회성 훈련과 자신감을 높여주는 훈련으로 좋아질 수 있습니다. 흥분성 배뇨는 외출 후 집에 들어올 때 또는 외부손님 방문 시 반려견이 흥분하지 않도록 차분하게 행동하는 것이 좋습니다. 반려견이 좋다고 달려들어도 대응하지 말고 안정할 때까지 기다렸다가 인사를 하는 것만으로도 많이 개선되기도 합니다.

마킹일 수 있느냐고요? 마킹은 수컷들만 하는 것으로 알고 계시는 분들이 있는데 암컷들도 마킹을 합니다. 마킹은 일종의 영역표시이기도 하지만, 자신을 남에게 알리는 명함 같은 의미로 해석되는 경우가 더 많습니다.

간혹 밖에서뿐만 아니라 집안에서도 마킹을 하는 반려견들이 있습니다. 배변 훈련이 잘 안 된 것으로 착각하는 보호자분도 있는데 마킹은 배변 훈련과는 다른 문제이며 새로운 환경 또는 갑작스러운 변화 등 불안하면 마킹을 하는 반려견들이 있습니다. 갑작스러운 A/S 기사님의 방문으로 반려견의 생활 패턴에 변화가 생겨 불안해 마킹을 할 수도 있습니다.

마운팅(성적 행동)을 해요

"아직 발정이 없는 암컷 강아지가 가끔 민망한 행동을 보여요. 소파에 앉아 TV를 보고 있는데 이 녀석이 갑자기 제 다리를 잡고 교미 행동을 하는 것입니다. 저에게 성적인 행동을 하는 것일까요? 이럴 때는 어떻게 해야 하나요?"

🐾 단호하게 거부하세요

몸을 틀거나 밀쳐내는 행동으로 아예 할 수 없도록 단호하게 거부해야 합니다. 교미 흉내라고 하는 이 행동은 마운팅(Mounting)이라고도 부릅니다. 반려견을 키우는 보호자 사이에서는 '붕가붕가'라고 더 많이 불리고 있습니다.

마운팅은 반려견에 있어 지극히 자연스러운 행동이지만 그 행동이 과하다면 분명 문제 행동이 될 수도 있습니다. 흔히 반려견의 이러한 행동을 보고 성적인 의미로 받아들이는 분들이 많이 계시는데 마운팅은 성적인 의미 외에 여러 가지 이유가 있습니다. 그래서 교정에 앞서 개의 이러한 행동을 왜 하는지 그 이유에 대해서 알아볼 필요가 있습니다.

1. 성적인 행동

암컷이 발정기일 때, 성적 대상인 수컷과 하는 교미 행동이 있습니다.

2. 놀이에 의한 행동

강아지들에게 자주 일어나며 일종의 이런 놀이 과정을 통해서 형제와 무리 간의 힘의 세기를 확인하기도 하며, 교미 행동을 배웁니다. 강아지나 성견, 또는 인형이나 기타 물건에 하는 경우도 종종 볼 수 있습니다.

3. 조직 안에서의 힘을 과시하기 위한 행동

수컷이 수컷에게 그리고 암컷이 암컷에게 그리고 암컷이 수컷에게도 이러한 행동을 보이는 경우가 있습니다.

4. 보호자의 관심을 끌기 위한 행동

보호자로부터 관심을 끌기 위한 수단으로 이런 행동을 보이기도 하며, 보호자의 잘못된 대처로 마운팅이 더 강화되는 경우가 많습니다.

5. 스트레스 또는 흥분을 해소하기 위한 행동

타인이나 다른 개들에게 피해가 없다면 굳이 말릴 필요가 없는 경우도 있습니다. 이불이나 방석, 인형 등에 몰래 하는 경우도 모른 채 넘어가는 것도 반려견의 스트레스 해소에 도움이 된다는 의견도 있지만, 그 행동이 지나치다면 다른 쪽에서 원인을 찾아볼 필요가 있습니다.

마운팅으로 고민이신 분들의 사례들을 살펴보면 대부분이 보호자의 관심을 끌려는 행동과 그로 인한 스트레스로 인한 행동이 많아 보입니다. 반려견이 마운팅을 하는 이유가 어떤 이유에서든 그대로 놔둘 경우 행동이 과도해지는 경우도 많고, 보호자나 사람들 입장에서 민망하고, 불쾌하다고 느껴진다면, 조기에 고쳐주는 것이 좋습니다.

반려견이 앞발을 들고 마운팅을 하려고 할 때 보호자가 바로 방향을 틀어 이러한 행동을 실행할 수 없게 거부 의사를 확실히 표현해 주세요. 회

피하는 방법이 잘 먹혀들지 않는다면 마운팅을 하기 위해 달려드는 반려견을 몸으로 밀쳐내는 방법도 있습니다. 이때 단호하게 "안 돼" 또는 "하지 마" 등 단호하게 거절 의사를 반려견에게 전달하는 것도 도움이 될 수 있습니다. 상황에 따라 거부 표시를 긍정적인 행동으로 전환하거나, 아니면 다른 방으로 들어가 이런 행동을 하면 더 이상 같이 놀거나 함께 할 수 없다는 것을 반려견에게 알려주는 것도 방법이 될 수 있습니다.

간혹 앞다리를 들고 올라섰을 때 바닥에 지탱하고 있는 다리를 밟거나 걸어 반려견을 넘어뜨리는 방법이 소개되기도 하지만 이는 반려견이 다칠 위험이 있고, 자칫하면 공격성을 유발할 수 있기 때문에 추천하지 않습니다. 그 외 체벌이나 반려견을 압박하는 여러 가지 방법도 소개되고 있는데 반려견의 교육에서 체벌은 문제 개선에 아무런 도움을 주지 못한다는 것을 꼭 염두에 두셨으면 좋겠습니다.

마운팅 행동을 교정 또는 방지의 목적으로 중성화를 시키는 분들도 있는데 이 경우 반드시 신중하게 결정하시기 바랍니다. 중성화를 시킨다고 해서 꼭 이러한 행동이 없어지는 것은 아닙니다. 단순히 중성화를 시키는 목적이 반려견의 마운팅 행동 때문이라면 추천하지 않습니다.

Part 5 _

강아지 속마음 알아채기

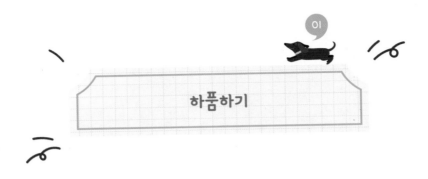

하품하기

반려견을 너무 세게 안았거나, 낯선 사람이 안았을 때 또는 가족이 다투거나, 혼나고 있는 여러 불편한 상황에서 반려견의 하품하는 모습을 자주 목격한 적이 있을 겁니다.

반려견 역시 사람처럼 지루하거나 졸음이 밀려올 때 하품을 합니다. 하지만 반려견은 이 외에도 하품하는 또 다른 이유가 있습니다. 그것은 바로 긴장했을 때입니다. 불안이나 공포 또는 스트레스를 느꼈을 때 스스로 마음을 진정하기 위해 하품을 합니다.

반대로 상대방의 불안을 안정시키거나 서로 대치하고 있는 상황에서도 상대방에게 적의가 없음을 전달하기 위해 하품을 하기도 하는데, 입을 크게 벌리지 않고 적게 벌려 표현하는 반려견들도 있습니다.

 Tip 일상생활에서 활용하기

반려견이 긴장이나, 스트레스를 받는 불편한 상황에서 보호자가 하품을 보임으로써 반려견의 긴장을 풀어주고 진정시켜 줄 수 있습니다.

코 핥기

개의 코는 항상 촉촉하게 유지되어 있어야 합니다. 흔히 주위에서 "반려견의 코가 말라 있다는 것은 곧 아프다는 것이다"라는 말을 들어보셨을 겁니다. 개의 코가 항상 촉촉하게 유지되어야 하는 것은 후각의 발달과 연관이 있는데 코가 촉촉하게 유지되어 있어야 냄새도 더 잘 맡을 수 있습니다. 그래서 개는 냄새를 잘 맡기 위해 코를 핥아서 촉촉함을 유지하기도 합니다.

그 외에 불안함을 나타내는 표시이기도 합니다. 상대방에게 지금 내가 불편하고 불안하다는 것을 전달하는 의미로 사용되며 자신의 마음과 상대방을 진정시키고 안정시키는 효과도 있습니다. 보통 다른 사람이나 반려견이 자신에게 접근할 때, 또는 자신 앞에서 갑자기 허리를 숙이는 사람의 모습을 보고 위협적으로 보이거나 불안해서 코를 핥는 경우가 많습니다.

하품과 마찬가지로 불편하게 안겨 있거나 혼이 나고 있을 때도 코를 핥는
모습을 볼 수 있습니다. 이처럼 불편한 상황에서 계속 코를 핥는 모습을 보이
기도 하지만 짧게 혀를 내밀거나 빠르게 움직여서 놓치기 쉬운 경우가 있기
때문에 잘 관찰하는 것이 중요합니다.

Tip 일상생활에서 활용하기

1. 반려견들의 예쁘고 귀여운 모습을 담고 싶어 카메라를 반려견 앞에 들이대
   는 경우가 많은데 이때 시선을 피하고 코를 핥는다면 불편하거나 불안해
   한다는 것일 수도 있으니 살짝 뒤로 물러나서 찍어주세요.
2. 개들의 세계에서는 상대방이 눈을 바라보거나 응시하는 것을 공격의 신호
   로 받아들일 수도 있습니다. 반려견들은 카메라의 렌즈를 눈으로 생각하기
   때문에 사진 찍기를 무서워하는 반려견들이 생각보다 많이 있습니다. 사진
   을 찍기 전에 카메라와 친해지는 훈련이 필요합니다.

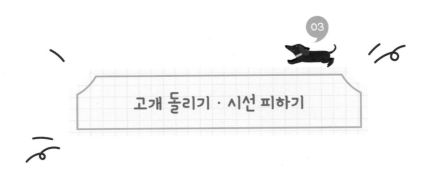

사람들은 상대방의 눈을 보고 대화하고 감정을 전달하지만, 개들은 몸을 이용한 대화를 주로 합니다. 그렇기 때문에 오히려 개를 바라보는 행동은 공격의 신호로 전달될 수 있어 개들이 불쾌하고, 불편할 수 있는 행동입니다.

반려견이 고개를 돌리는 신호를 보일 때는 주로 상대방이 자신을 피해 옆으로 지나가는 것이 아니라 마주 보며 다가올 때 또는 상대방과 눈을 마주칠 때입니다. 반려견이 얼굴을 돌림으로써 '나는 적대감이 없다'라고 상대방에게 알리는 신호임과 동시에 나를 공격하지 말라는 신호로 많이 사용합니다.

하품하기, 코 핥기와 마찬가지로 보호자에게 야단을 맞을 때도 나타나기도 하며 사진을 찍을 때도 카메라를 너무 가까이 들이대면 싫다는 표현으로 고개를 돌리기도 합니다.

 Tip　일상생활에서 활용하기

1. 반려견에게 빠르게 다가가거나 반려견을 안으려고 허리를 숙일 때 반려견이 고개를 돌리고 시선을 피한다면 무리하게 다가가거나 안지 말고 같이 시선을 피해 반려견이 안정을 찾은 뒤에 다가가 주세요.
2. 길을 가다가 다른 강아지와 마주쳤는데 상대 강아지가 고개를 돌리는 신호를 보이면 멈추고 같이 고개를 돌려 진정시킬 수 있습니다.
3. 으르렁거리거나 공격성을 보이며 짖는 강아지를 만났다면 더 이상 다가가지 말고 고개를 돌려 상대방을 진정시켜 보세요.

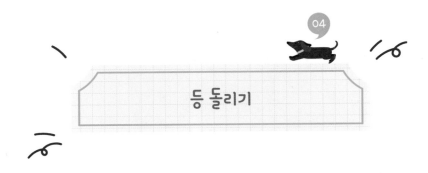

등 돌리기

등 돌리기는 고개를 돌리고 시선을 피하는 행동보다 더 강력하게 표현되는 카밍시그널입니다. 상대방으로부터 불편의 표시로 고개를 돌려 시선을 피하는데도 그 수위나 강도가 줄어들지 않는다면 반려견은 상대방으로부터 등을 돌리는 행동을 해서 상대방의 격한 흥분과 공격적인 행동 등, 무례한 행동의 수위를 낮추는데 사용합니다.

상황에 따라 고개 돌리기나 등을 보이는 행동이 따로 나타나기도 하지만 두 행동을 같이 보이는 경우도 있습니다. 보통 여러 마리의 반려견들이 함께 어울려 놀 때 흥분도가 높아지고 공격적으로 변하게 되면 흥분을 가라앉히기 위해 등을 돌리는 반려견의 모습이 자주 목격되기도 합니다.

보호자에게도 이런 시그널을 자주 보이기도 하는데, 대표적인 예로 보호자가 강압적인 방법으로 반려견을 훈련할 때 등을 보이는 반려견들이 많습니다.

 Tip 일상생활에서 활용하기

1. 보호자의 과한 행동이나 야단으로 인해 반려견이 불안해 보인다면 등 돌리기를 사용할 수 있습니다.
2. 처음 보는 반려견과 인사를 하기 전에 불안해하는 반려견을 위해 등을 돌려보세요.
3. 반려견이 공격적인 모습을 보일 때 등 돌리기로 반려견을 안정시키는 데 도움이 될 수 있어요.
4. 반려견이 두 발로 서서 뛰어오를 때, 마운팅(성적 행동)을 할 때 등을 돌려보세요.

천천히 움직이기

가끔 반려견들이 슬로비디오처럼 아주 천천히 움직이는 모습을 보신 적이 있을 겁니다. 자동차나 오토바이같이 갑자기 빠른 물체가 다가올 때, 다른 동물이나 사람이 시야에 들어오거나 빠르게 다가올 때 반려견들은 긴장하게 되어 천천히 움직이는 모습을 보이곤 합니다.

보호자나 상대방이 과도하게 흥분해 있거나 야단을 칠 때도 긴장을 느끼는데, 상대방을 진정시키기 위해 천천히 움직이기도 합니다.

 **Tip** 일상생활에서 활용하기

1. 반려견이 불안해 보이거나 겁을 먹고 있으면 천천히 움직여 보세요.

2. 처음 보는 반려견에게 인사를 할 때는 반려견이 놀라지 않게 천천히 다가
   가는 게 좋습니다.

3. 발톱 깎기, 목줄 채우기, 입마개 착용하기 등 반려견이 싫어하는 행동을 어
   쩔 수 없이 해야만 할 때, 도망가고 피하는 반려견들을 잡기 위해 화를 내
   며 빠르게 쫓아가서 잡으려고 하는 분들이 많이 있습니다. 차분한 마음으
   로 흥분을 가라앉히고 반려견에게 천천히 다가가 보세요.

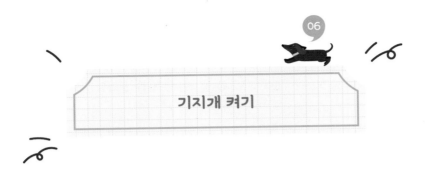

06

기지개 켜기

우리에게는 흔히 '같이 놀자!', '나는 계속 놀고 싶어!'라는 뜻으로 알려진 이 동작은 엉덩이를 위로 올리고 두 앞다리를 앞으로 쭉 뻗어 사람이 기지개를 켜는 동작과 같은 행동을 말합니다. 이러한 행동은 다음과 같은 의미를 나타냅니다.

첫째, 스트레칭을 위한 동작입니다. 사람과 마찬가지로 자고 일어났을 때나 한 장소에 오랜 기간 머물러 있었을 때, 스트레칭을 위해 기지개를 켭니다. 보통 하품을 동반하는 경우가 많습니다.

둘째, '놀자!', '같이 놀고 싶어(play bow)'의 의미입니다. 많은 사람들이 잘 알고 있듯이 같이 놀자는 표현으로 사용되기도 합니다. 'play bow'는 보통 보호자나 다른 반려견들과 함께 있을 때 나타나는 행동이며, 놀다가 놀이를 중단할 때 계속 놀고 싶어 하는 반려견들이 이런 동작을 자주 보여주기도 합니다.

셋째, 카밍시그널일 수 있습니다. 호감이 있는 친구를 만났을 때 자신은 무섭지 않고 공격의 의사가 없다는 의미로, 상대방의 긴장을 풀어주기 위해 사용되기도 합니다. 반대로 무섭거나 불편한 대상에게는 경고의 의미로 사용되기도 합니다.

그 외 고통을 호소하는 반려견들이 기지개를 켜는 행동을 보이기도 합니다.

Tip 일상생활에서 활용하기

반려견의 행동을 관찰할 때는 한 가지 상황이 아닌 여러 가지 환경과 조건을 함께 고려해야 합니다. 기지개를 켜는 행동도 서로 다른 이유에서 조금씩 자세가 다르며, 처해있는 환경도 다르기 때문에 평소 유심히 살펴보고 관찰하는 습관을 길러보세요.

07

바닥 냄새 맡기

후각이 발달한 반려견에게 있어 냄새를 맡는 행동은 지극히 정상적이며 자연스러운 행동입니다. 냄새를 맡으며 즐거움을 찾고 스트레스를 풀며 안정을 찾기도 합니다.

사람들이 시각에 많은 것을 의존하고 있다면 반려견은 후각으로 세상을 바라보고 이해하며 많은 부분을 후각에 의존하고 있습니다. 이런 자연스러운 행동 외에 반려견들은 불편한 상황에 상대방에게 적의가 없다는 신호로 사용되기도 합니다. 상대방이 마주 보며 다가올 때나, 자신에게 짖음 또는 공격성을 보일 때 등 불편한 상황에서 무의미하게 바닥에 냄새를 맡는 행동을 함으로써 그 상황을 모면하려는 행동으로도 사용됩니다.

Tip 일상생활에서 활용하기

반려견이 냄새를 맡는 행동은 일상적인 생활에서 아주 흔하게 자주 일어나는 행동으로 어떤 의사 표현이나 시그널이 아닌 경우가 더 많습니다. 그렇기 때문에 반려견의 행동을 이해하려면 여러 가지 상황을 고려하고 판단해야 하며 평소에도 반려견의 행동을 자주 관찰하는 노력이 필요합니다.

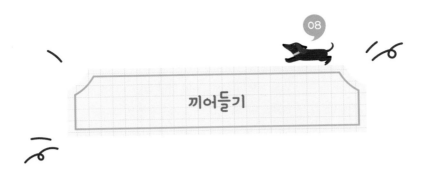

끼어들기

　다른 반려견 사이나 사람들 사이 또는 사람과 반려견 사이에 끼어들기를 하는 반려견의 모습을 보신 적이 있으신가요? 이때 '내 반려견이 질투를 느낀 건가?'라고 생각할 수도 있겠지만 사실 격해진 분위기에 싸움을 중단시키거나 상대를 진정시키기 위해 많이 사용되고 있는 카밍시그널인 경우가 많습니다.

　놀이 중에 흥분하는 반려견이 있거나 놀이가 격해질 경우 상대를 진정시키고 흥분을 가라앉힐 때 끼어들어 중재하기도 합니다. 또 부부가 가까운 거리에서 말싸움할 때도 중간에 끼어들기도 합니다.

 Tip 일상생활에서 활용하기

1. 놀이가 격해지면 반려견 사이에 끼어들어 진정시켜 주세요.

2. 싸움이 일어나거나 벌어질 것 같으면 둘 사이에 끼어들어 사전에 차단해 주세요.

3. 산책할 때 다른 사람이나 반려견이 매너 없이 무례하게 너무 가까이 다가 올 경우, 반려견이 불안해하거나 놀라서 상대방을 공격할 수 있습니다. 중 간에 끼어들어 진정시켜 주세요.

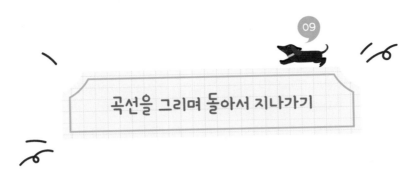

곡선을 그리며 돌아서 지나가기

누군가 자신을 향해 정면을 응시하고 다가오는 행동은 개들의 세계에서는 예의 없고 상당히 불쾌한 행동입니다. 어떤 사람이나 반려견이 자신을 향해 걸어온다면 상대방이 나에게 호의적이지 않고 적의가 있다고 생각해 반려견의 입장에서는 몹시 불안하고 무서운 것은 당연한 이치입니다.

때에 따라서는 상대방을 공격하거나 싸움이 일어날 수도 있습니다. 그래서 반려견들은 나는 당신에게 적의가 없다는 것을 알리고 상대방을 안심시키기 위해 곡선을 그리며 거리를 두고 지나갑니다. 반려견과 함께 자주 산책을 해보신 분들이라면 이미 익숙한 행동일 것입니다.

 **Tip** 일상생활에서 활용하기

1. 반대편에서 다른 반려견이 다가온다면 우리가 먼저 돌아서 지나갑시다.

2. 반려견이 고개 돌리기 · 시선 피하기와 같은 불안한 신호를 보낼 때 사용해 봅시다.

3. 처음 만나는 반려견과 인사를 할 때는 무례하게 갑자기 다가가지 말고 곡선을 그리듯 돌아서 천천히 다가가 인사를 하면 반려견이 조금은 편안해 할 수 있어요.

4. 길을 가다 공격적이거나 무서워 불안에 떠는 반려견과 마주쳤다면 직선으로 다가가기보다는 곡선을 그리며 돌아서 지나가는 방법이 좋습니다.

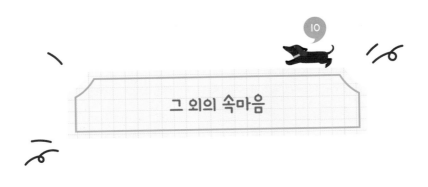

그 외의 속마음

반려견의 언어라고 불리는 카밍시그널은 위에 소개된 것 외에도 20여 가지가 더 있습니다. 그리고 카밍시그널 외에도 우리는 반려견이 보내는 여러 가지 신호와 행동을 유추해 반려견의 속마음이나 심리 등을 예측할 수 있습니다. 몸을 털기도 하고, 긁기도 하며, 물거나 이빨을 보이기도 하고 짖기도 합니다. 꼬리나 귀의 움직임, 더 나아가 털의 상태로도 반려견의 현재 심리상태를 알 수 있습니다.

카밍시그널이나 기타 다른 행동을 보고 반려견의 속마음을 유추해내는 것은 분명 반려견과 함께 생활하는 데 많은 도움이 됩니다. 하지만 반려견의 행동에 대해 이해하려고 할 때 우리가 꼭 기억해야만 하는 것이 있습니다. 그것은 반려견이 하는 행동을 단일적으로 보고 판단해서는 안 된다는 것입니다.

반려견의 행동에 대해 이해하기 위해서는 전반적인 모든 상황을 고려하여 판단해야 합니다. 누가, 언제, 어디서, 무엇을, 어떻게, 왜 그런 행동을 했는지 알아야 합니다. 이 외에도 다른 누군가 지켜보고 있지는 않은지, 이 장소는 반려견에게 익숙한 장소인지 아니면 불편하고 낯선 환경인지, 또 당일 날씨부터 주변 환경까지 모두 고려대상이 될 수 있으며 심지어 내가 반려견을 바라보고 있다는 것까지 염두에 두고 판단해야만 합니다.

하품하거나, 코를 핥는 행동 또는 기지개 자세만 보더라도 한 가지 이유가 아닌 여러 가지 이유가 존재합니다. 일반적인 상황에서는 목욕이나 수영을 할 때 털에 묻은 물을 털기 위한 목적으로 몸을 털고, 피부병이나 알레르기 등 때문에 가려움증이 나타나서 긁지만, 그 외에도 반려견들은 스트레스를 받으면 몸을 털거나, 긁는 행동을 보이기도 합니다.

이빨을 보이고 으르렁거린다면 단순히 그 행동에만 집중해서 판단할 것이 아니라 귀의 움직임은 어디를 향해있는지, 꼬리는 곧게 세워져 있는지 아니면 아래로 말려있는지, 털은 삐쭉삐쭉 서 있지는 않은지 여러 가지 모든 것을 함께 보고 판단할 줄 알아야 합니다.

이런 능력은 하루아침에 생겨나지 않습니다. 꾸준히 반려견을 관찰하는 노력이 있어야 합니다. 어렵다면 매일 관찰일지를 작성해보는 것도 반려견을 이해하는 데 도움이 될 수 있습니다. 반려견의 행동 하나하나 시간 때 별로 사소한 것까지 모두 구체적으로 작성해보세요. 시간이 지나면 자신도 모르는 사이 반려견이 보내는 신호를 알아들을 수 있는 날이 올 것입니다.

"우리 강아지가 이상합니다", "우리 강아지가 문제 있는 반려견이라고요?" 처음부터 문제 있는 반려견은 없습니다. 우리가 문제견이 될 때까지 그대로 내버려 둔 것입니다. 반려견은 문제 행동을 보이기 전까지 우리에게 불안하고, 불편하고, 힘들다는 신호를 수없이 보내왔습니다. 그리고 우리는 그 신호를 무시하고 계속해서 반려견을 힘들게 하였으며, 참다못해 반려견은 결국 문제 행동을 일으키게 된 것입니다.

문제 행동이 발생한 뒤, 그 행동을 교정하거나 고치는 것은 문제가 일어나지 않게 사전에 관리하고 방지하는 것보다 수십 배는 더 어렵습니다. 반려견이 보내는 신호를 평소에도 잘 이해하여 반려견과 행복한 생활을 지속할 수 있기를 진심으로 바랍니다.

뽀또 이야기 ────────────────── •

15년 전, 결혼 후 집을 얻어 이사를 하게 되었습니다. 그때 반려
견 뽀또를 처음 데리고 오게 되었습니다. 아내가 한 손엔 짐을
들고 다른 한 손에는 뽀또를 안고 집으로 들어와 짐을 내려놓으
려는 찰나, 다른 한 손에 안겨 있던 뽀또가 그만 바닥에 떨어지
고 말았습니다.

워낙에 작게 태어나고 약한 아이라 매우 놀랐습니다. 아니나 다

를까 뽀또는 떨어지는 충격으로 인해 한쪽 다리를 절었습니다. 아내와 저는 순간 너무 놀랐습니다. 막 내려놓으려고 했던 거라 그렇게 높은 위치도 아니었기 때문에 큰 문제는 없겠다고 생각했지만 뽀또는 밤새도록 다리를 절며 울었습니다.

저는 아무리 생각해도 다칠 정도는 아니었다고 판단되어 하루쯤 그냥 지내보고 다음 날 병원에 가자고 했지만 아내는 밤새 강아지를 간호하느라 잠도 잘 자지 못했습니다. 워낙 약해 병원을 제집처럼 드나들던 터라 크게 걱정했나 봅니다.

혹시나 하는 생각에 카메라를 설치하여 뽀또의 상태를 관찰하기로 했습니다. 카메라 영상을 확인하고는 깜짝 놀랐습니다. 우리가 보지 않는 곳에서는 멀쩡하게 걷고, 뛰는 게 아니겠습니까! 뽀또는 꾀병을 부리고 있던 것이었습니다.

그렇게 하루, 이틀이 지나고 나서도 뽀또는 계속 다리를 절고, 울었습니다. 걱정되는 마음에 뽀또를 근처 동물병원에 데리고 가 모든 검사를 했지만 아무 이상이 없는 것으로 나왔습니다. 제가 예상한 대로 이 녀석은 꾀병을 부리고 있었던 겁니다.

병원을 다녀온 후에도 뽀또는 다리를 절며, 아내의 품 안에만 있으려고 했습니다. 아내와 저는 하루 종일 뽀또를 무시하자고 합의했고 그렇게 우리는 며칠 동안 뽀또를 무시하게 되었습니다. 그 결과 이틀 만에 뽀또는 언제 그랬냐는 듯 멀쩡해졌습니다.

이렇듯 개는 꾀병을 부릴 줄 아는 매우 똑똑한 동물입니다. 이전에 아팠던 기억을 되살리며 자신이 아플 때는 보호자가 어떻게 해주었는지 기억해내어 보호자를 속이는 행동으로 꾀병이라는 것을 부리곤 합니다.

🐾 나의 오만 하나

그런 일이 있고 나서도 뽀또는 몇 번이고 다른 꾀병을 부리는 꽤 똑똑한 놈이었습니다. 아내와 단둘이 지낼 때는 어땠는지 모르지만 저와 지내면서는 그런 것이 통할 리 없었고 얼마 지나지 않아 뽀또의 꾀병 부리는 행동은 사라졌습니다.

그렇게 7~8개월이 지난 어느 날, 잠을 자고 있는데 갑자기 거실에서 뽀또가 낑낑대며 울었습니다. 놀라 나가 보니 뽀또는 매우 아파하고 있었습니다. 그러나 아무리 찾아봐도 주변에 다칠 만한 곳은 없었습니다. 근처에 30~40cm 높이의 자그마한 2인용 밥상이 있었는데 아마 그 위에 올라갔다가 내려오면서 다친 게 아닌가 싶었습니다. 높지 않은 밥상이라 저는 이번에도 뽀또의 꾀병이라고 생각해 그냥 넘겨 버렸습니다. 하지만 뽀또의 꾀병은 생각보다 길게 진행되고 있었습니다.

생각 끝에 다시 뽀또를 병원에 데리고 가서 x-ray 촬영을 하였고 그 결과 골절이라는 것을 알게 되었습니다. 이게 제 첫 번째 오만으로 만들어낸 끔찍한 사건입니다.

🐾 나의 오만 둘

골절 판단을 받고 치료방법에 대해 수의사와 논의를 하였습니다. 방법은 두 가지였습니다. 깁스로 치료하는 방법과 수술하는 방법입니다. 첫 번째 방법은 자연적으로 뼈를 붙게 하는 자연 치료법이나 잘못하면 평생 불구로 살아야 했고, 두 번째 방법은 잘되면 이전처럼 걷거나 뛰는데 아무 문제가 없지만 뽀또가 선천적으로 약한 체질이라 수술 도중 잘못될 수도 있었습니다. 고민 끝에 깁스를 하고 집에서 일주일 정도 요양을 했습니다. 깁스를 하기로 한 제 선택에는 지금도 후회는 없습니다. 하지만 제 오만은 그 뒤에 일어나게 됩니다.

수의사의 말로는 결과가 좋으면 2주일 후 깁스를 풀어도 되니, 이후에 다시 x-ray를 찍어보고 결정하자고 했습니다. 그렇게 깁스를 하고 집으로 뽀또를 데려오고 일주일 만에 저의 짧은 경험과 지식으로 뽀또의 상태를 스스로 판단해 깁스를 풀어버렸습니다. 이게 제 두 번째 오만이었습니다.

당시 뽀또의 상태는 멀쩡해 보였습니다. 그렇게 시간이 흐르고 아이를 키우느라, 또는 개인적인 일로 뽀또에게 큰 신경을 쓰지 못했습니다. 그러던 어느 날 뽀또를 유심히 바라보는데 어딘가 이상하다는 것을 발견하였습니다. 우리가 무관심한 사이 뽀또는 다시 골절되어 있었던 겁니다. 그렇게 뽀또는 평생 불구로 살게 되었습니다.

사고는 한순간 한 번의 잘못된 판단으로 일어날 수 있습니다. 책이나 인터넷 또는 아는 지인에게서 들은 정보, 또는 여러분들이 알고 있는 지식이 전부는 아닙니다. 한 번의 판단이 돌이킬 수 없는 결과로 이어질 수 있습니다.

반려견에게 문제가 생겼을 때는 '만약 그 반려견이 가족 중 누군가라면…' 하고 한 번 더 생각해보세요. 확신이 없다면 여러분이 사랑하는 반려견을 위해 전문가의 조언을 들어보고 판단할 것을 권합니다. 끝으로 여러분께 묻고 싶습니다.

"여러분의 반려동물들은 지금 행복한가요?"

01. 강아지에게 위험한 음식

1. 견과류

견과류에는 자체에 지방함량이 높고 소화가 잘되지 않기 때문에 과다섭취 시 소화불량의 원인이 되기도 하며 비만 및 췌장염을 일으키는 원인이 되기도 합니다. 또 사람의 눈에는 잘 보이지 않는 미생물 번식과 곰팡이는 반려견에게 나쁜 영향을 줄 수도 있습니다. 특히 마카다미아는 견과류 중에서도 독성이 강한 것으로 반려견을 키우는 분들에게 알려져 있습니다. 아직 강아지에게 독성을 일으키는 성분이 정확히 밝혀지지는 않았지만, 마카다미아를 섭취한 반려견들에게서 여러 증상 및 중독증이 나타나고 있는 것으로 보고되고 있으므로 주의가 필요합니다.

2. 초콜릿과 커피

초콜릿과 커피가 반려견에게 위험한 이유는 초콜릿에 함유된 테오브로민과 커피에 들어 있는 카페인 때문입니다. 테오브로민과 카페인은 중독을 유발하여 맥박이 빨리 뛰고, 구토, 설사, 경련과 흥분, 호흡 곤란 등의 증상이 발생할 수 있습니다. 과다섭취 시 사망에 이를 수도 있습니다. 일반적으로 인스턴트커피나 초콜릿보다 원두커피, 다크 초콜릿에 증상 유발 성분의 함유량이 많아 더 위험합니다.

3. 과일의 씨앗

과일은 수분 섭취를 도와주고 비타민 등 많은 영양소가 있어 반려견의 건강에도 이롭습니다. 하지만 과일의 씨앗에는 독성이 있어서 반려견에게 과일을 먹일 때는 씨앗을 제거하고 주는 것이 좋습니다. 특히 사과 씨앗에는 시안화물이라는 독성물질이 함유되어 있어 특별한 주의가 필요합니다. 복숭아나 자두 씨 같은 큰 씨앗을 먹고 씨앗이 걸려 장폐색이 발생하여 급하게 장내에 걸린 씨앗을 제거하는 응급수술을 받는 사례도 있습니다. 과일 껍질도 소화불량 및 잔류농약이 남아 있는 경우가 있어 제거하고 주는 것이 좋습니다.

4. 자일리톨

자일리톨은 반려견에게 저혈당을 일으킬 수 있으며 간 손상을 일으킬 수 있습니다.

5. 양파

양파가 반려견에게 위험한 이유는 '알릴 프로필 다이설파이드'라는 성분 때문입니다. 이 성분은 적혈구를 파괴하여 빈혈과 혈뇨 등의 증상을 일으킵니다. 양파를 생이 아닌 조리해 먹어도 위험하기 때문에 반려견이 섭취하지 못하도록 주의하셔야 합니다. 특히 짜장면과 같이 양파가 많이 들어간 배달 음식을 먹고, 음식물이 남은 그릇을 통해 섭취하는 경우가 자주 일어나고 있어 주의가 필요합니다.

6. 마늘

마늘은 양파나 파와 같은 이유로 중독성을 일으켜 먹이면 안 되는 음식으로 분류되고 있으며 '알리신' 성분으로 인해 사람과 달리 개에게는 치명적이라고 알려져 있습니다. 하지만 마늘은 분명 개에게도 면역력 및 항암에도 좋은 역할을 하고 있습니다. 적당량만 먹이면 좋다, 아니다를 놓고 아직도 전문가들 사이에서도 의견이 갈리고 있지만 실제 많은 반려견 사료나 간식 등 식품류에도 마늘 성분이 포함된 상품들이 많이 있습니다.

7. 동물의 뼈

동물의 뼈는 칼슘이 풍부하게 들어 있으며, 뼈 안에 있는 골수에도 좋은 영양분이 함유되어 있어 반려견의 영양분 섭취에 많은 도움이 됩니다. 야생의 개들도 사냥한 동물의 살코기만 발라 먹는 것이 아니라 내장부터 뼈까지 통째로 먹습니다. 하지만 조류의 뼈는 익혀서 먹일 경우 날카로운 조각에 장기가 손상될 수 있고, 소나 돼지처럼 큰 뼈는 먹는 과정에서 이빨을 다치거나 소화가 되지 않아 장기를 막는 사례도 발생하고 있어 동물의 뼈를 줄 때는 각별한 주의가 필요합니다. 또 과다한 뼈 섭취는 반려견에게서 심각한 변비 증상이 나타날 수 있는 점도 주의해야 합니다.

8. 생고기

개는 육식에 가까운 잡식 동물입니다. 야생에서의 개들은 대부분 초식 동물을 사냥해서 통째로 잡아먹음으로써 영양분을 섭취하기도 합니다. 이처럼 생고기는 반려견의 주식에 있어 최고의 재료 중 하나입니다. 최근에는 반려견의 먹거리에 대한 인식이 많이 변화하면서 가공된 사료보다는 자연식이나 생식으로 대체하는 분들이 많이 있습니다. 하지만 생고기는 미생물의 번식이 쉬워 식중독을 유발하기도 합니다. 생고기를 급여할 때는 신선한 재료여야 함은 물론, 기생충 감염 방지를 위해 살모넬라균 및 기타 세균번식에 주의해야 합니다.

9. 포도

포도는 급성 신부전증을 일으킬 수 있어 절대로 먹이면 안 되는 음식 중 하나로 분류되고 있습니다. 가끔 포도의 껍질과 씨앗을 제거하고 소량씩 먹이는 분들을 보았는데, 포도도 다른 과일과 마찬가지로 유익한 성분들을 많이 포함하고 있으나 사실 정확히 포도의 어떤 성분이 신부전증을 일으키는지 정확히 알려지지 않은 만큼 주의가 필요합니다. 간혹 블루베리를 포도와 같은 식물의 열매로 알고 반려견이 먹으면 안 된다고 생각할 수도 있는데 블루베리는 포도와는 다른 품종의 식물이기 때문에 반려견이 먹어도 괜찮습니다.

10. 그 외의 음식들

반려견을 키우고 계신 분들이라면 책이나 인터넷, 또는 주위에서 "반려견에게 사람이 먹는 음식을 절대로 먹여서는 안 된다"라는 말을 자주 들어보셨을 겁니다. 하지만 개는 육식이면서 동시에 사람과 같은 잡식 동물에 해당합니다. 사람이 먹는 음식을 주지 말라는 말은 원재료가 아닌 가공되고 조리된 음식을 주면 안 된다는 말로 이해하는 게 더 맞는 표현인 것 같습니다.

사실 우리가 알고 있는 반려견에게 절대로 먹이면 안 되는 음식 중에는 반려견에게 꼭 필요한 영양성분들을 포함하고 있는 음식들이 많이 있습니다. 반려견에게 위험하다고 하는 생고기, 동물의 뼈, 마늘, 그리고 각종 과일과 채소, 우유, 기타 등의 음식들은 대부분 급여 방법이나 먹는 양에 따라 문제가 있는 것이지 절대로 먹이면 안 되는 음식들이 아닙니다. 오히려 주식과 함께 먹이면 반려견의 건강에 도움을 줄 수 있습니다.

급여 방법이나 양은 각 개체의 차이가 있으며, 반려견마다 음식에 대한 알레르기 반응을 일으키는 음식도 서로 다르기 때문에 새로운 음식을 급여하실 때는 알레르기 반응 테스트를 위해 소량씩 먹이면서 반응을 살피는 방법으로 급여하셔야 합니다.

02. 강아지 나이 계산법

반려견을 키우는 사람들이라면 누구나 한 번쯤은 '내 강아지가 사람 나이로 치면 몇 살 정도 되었고 또 몇 살까지 살 수 있을까?' 하고 궁금하셨을 겁니다. 2000년 초반까지만 해도 10살이 넘어간 반려견을 보기 어려웠습니다. 하지만 반려견의 수명도 계속 증가하여 지금은 10살을 넘긴 반려견들을 주변에서 쉽게 볼 수 있으며, 15살을 넘긴 반려견도 심심찮게 볼 수 있게 되었습니다.

필자가 어렸을 때만 하더라도 반려견의 나이는 1년을 10살로 계산하는 분들이 많았으나 최근에는 1년을 7살로 계산하는 것이 일반적인 것 같습니다(반려견 나이×7= 사람 나이로 환산한 반려견의 나이). 하지만 반려견의 나이를 사람의 나이로 환산한다는 것은 단순한 계산법으로 나타내기에는 어려움이 있고 정확도가 떨어질 수 있습니다. 견종 및 크기 등 개체마다 다르기 때문에 각 사항에 대해 고려해야만 합니다. 강아지 나이 계산법은 단체마다 조금씩 다를 수 있으므로 아래의 표는 참고용으로만 사용하시길 권장합니다.

🐾 일반적인 강아지 나이 계산법

나이	사람 나이로 환산한 반려견의 나이(단위: 세)
1년	7
2년	14
3년	21
4년	28
5년	35
6년	42
7년	49
8년	56
9년	63
10년	70
11년	77

12년	84
13년	91
14년	98
15년	105
16년	112

🐾 American Kennel Club(AKC), 반려견 크기에 따른 강아지 나이 계산법

사람 나이로 환산한 반려견의 나이(단위: 세)				
나이	소형견	중형견	대형견	초대형견
1년	15	15	15	12
2년	24	24	24	22
3년	28	28	28	31
4년	32	32	32	38
5년	36	36	36	45
6년	40	42	45	49
7년	44	47	50	56
8년	48	51	55	64
9년	52	56	61	71
10년	56	60	66	79
11년	60	64	72	86

올 어바웃 퍼피

12년	64	69	77	93
13년	68	74	82	100
14년	72	78	88	107
15년	76	83	93	114
16년	80	87	99	121

🐾 Kennel Club(KC), 반려견 크기에 따른 강아지 나이 계산법

사람 나이로 환산한 반려견의 나이(단위: 세)			
나이	소형견	중형견	대형견
1년	12.5	10.5	9
2년	24	21	18
3년	28	25	25
4년	32	30	32
5년	36	36	36
6년	40	42	45
7년	44	47	50
8년	48	51	55
9년	52	56	61
10년	56	60	66
11년	60	65	72

12년	64	69	77
13년	68	74	82
14년	72	78	88
15년	76	83	93
16년	80	87	-

올 어바웃 퍼피

초판 1쇄 발행 2013년 8월 2일
개정판 1쇄 발행 2021년 9월 8일

지은이 김진수
펴낸이 채종준
기획 편집 김채은
디자인 서혜선
마케팅 문선영 전예리

펴낸곳 한국학술정보(주)
주 소 경기도 파주시 회동길 230(문발동)
전 화 031-908-3181(대표)
팩 스 031-908-3189
홈페이지 http://ebook.kstudy.com
E-mail 출판사업부 publish@kstudy.com
등 록 제일산-115호(2000. 6. 19)

ISBN 979-11-6603-507-4 13520